# 界壳论入门

JIEKELUN RUMEN

曹鸿兴　张洪波　著

## 内 容 简 介

本书系统梳理了界壳论的提出及发展脉络，阐述了界壳论的基本架构、行为原理和数学描述，阐明了其与其他学科的关联及其在生物医学、气候变化、信息安全、水文水资源、人文社科等多个领域的应用。书中列举了丰富实例，图文并茂、生动有趣，兼具理论深度与实用价值。全书论理清晰、内容新颖，可读性强。

本书适用于从事系统科学、控制科学、信息科学、物理学、生物学、环境科学、管理学、医学、经济学等相关学科，以及哲学、美学、心理学、文学、宗教等社会科学领域的工作者、高校师生，同时也适合人文学者和科学爱好者阅读。

**图书在版编目（CIP）数据**

界壳论入门/曹鸿兴，张洪波著. -- 郑州：黄河水利出版社，2024. 12. -- ISBN 978-7-5509-4107-6

Ⅰ. N94

中国国家版本馆 CIP 数据核字第 2024FZ1629 号

策划编辑：杨雯惠　电话：0371-66020903　E-mail：yangwenhui923@163.com

责任编辑　冯俊娜　　　　责任校对　王单飞
封面设计　黄瑞宁　　　　责任监制　常红昕
出版发行　黄河水利出版社
地址：河南省郑州市顺河路 49 号　邮政编码：450003
网址：www.yrcp.com　E-mail：hhslcbs@126.com
发行部电话：0371-66020550
承印单位　广东虎彩云印刷有限公司
开　　本　787 mm×1 092 mm　1/16
印　　张　9.75
字　　数　114 千字
版次印次　2024 年 12 月第 1 版　　2024 年 12 月第 1 次印刷
定　　价　68.00 元

# 作者简介

**曹鸿兴** 上海宝山人，研究员，德国博士后，硕士和博士研究生导师，业余作家。1962 年毕业于南京大学气象系，彼时已能阅读英、俄、法、日、德等专业外语。先后在中国科学院地球物理研究所、中央气象台、中国气象科学研究院工作。1982—1984 年，在德国洪堡基金会的资助下，师从汉堡大学教授古特·费舍尔从事博士后研究；1989—1991 年，在联合国气候变化政府间委员会（IPCC）第一工作组（英国）开展温室效应模拟研究。主要从事天气和气候、数理统计、系统预测等领域的研究和业务工作。著有《气候动力模式与模拟》《系统周界的一般理论：界壳论》《系统周界建模：界壳理论》（英文版）和《动力系统自忆性原理：预报和计算应用》等十余部专著，发表学术论文 300 余篇。其中，界壳论被誉为我国五大原创智能科学基础之一。曾任世界气象组织气候委员会委员、中国生命科学学会理事、《模糊系统与数学》编委、英国皇家气象学会会员等，担任国内外多个专业机构和杂志的评委和审稿人。1996—1997 年，在鲁迅文学院和《作家报》创作班业余学习，曾兼任中华洪堡学者协会副秘书长、《中华文艺家》副主编等。此外，出版了《欧罗巴之门》《穿越空间栅栏的掠影》《英男娈女的纠缠》等文学作品集。

**张洪波** 教授，博士研究生导师，长安大学水文学及水资源学科带头人，水利部重点实验室（筹）主任，陕西省青年科技新星。曾赴美国德克萨斯A&M大学、台湾海洋大学、清华大学访学。现兼任全球水伙伴中国委员会专委会副秘书长，中国水利学会流域发展战略专委会副秘书长，国际水资源协会中国委员会委员，国际水文科学协会中国委员会分委会委员，中国自然资源学会专委会常务委员，中国工程教育认证专家，世行GEF项目咨询专家，以及《人民长江》《南水北调与水利科技》《地球科学与环境学报》《华北水利水电大学学报（自然科学版）》《人民珠江》杂志编委。主要从事旱区水文演化机制与水资源适应性管理研究。

# 序

近20年来，一门新兴的跨学科理论在学术界崭露头角，它就是界壳理论，简称界壳论。界壳理论可以说包罗万象，既涉及物质世界，也涉及精神世界。界壳现象不仅存在于自然界，也广泛存在于人类社会。在研究方法上，它不仅可以运用现代数学物理方法进行精密分析，也可以通过传统观察体验开展思辨联想。从某些方面看，界壳论与哲学研究存在相近之处。

根据界壳的来源与构成，大致可将其分为六类：心理界壳、拟似界壳、物理界壳、生物界壳、理念界壳和抽象界壳。其中，心理界壳与拟似界壳对人文科学研究具有关键意义。心理界壳亦可称为“精神界壳”，主要涉及人类意识、思维层面的无形边界。物理界壳与生物界壳可统称为“物质界壳”，前者如城墙、细胞膜等实体结构，后者如动物甲壳、植物表皮等生物演化形成的防护体系。理念界壳与抽象界壳是从系统科学角度归纳界壳特征构建的理念模型与数学模型，虽具有人工构造属性，但其原型仍源于物理界壳与生物界壳。这里要做重点说明的是拟似界壳，它是介于真界壳与假界壳之间的特殊界壳，具有以下特点：形成过程短、人为因素主导，具有强烈的目的性、规定性和约束性；其内容在不同时代、时期、人群和地域间存在差异与变化，属于“半真半假”的界壳，真假程度与其形成时间长短、适用人群及时空范围大小、时空变化频率等因素相关。例如，宗教、道德、伦理、礼教、习俗等均属于拟似界壳。从形态上看，它们大多归属于心理界壳，但由于其对界壳论在人文科学研究中的应用具有特殊意义和重要价值，故将其从心理界壳中分离出来，单独划分为一类。

目前，关于物质界壳、理念界壳和抽象界壳已有较为广泛的理论与应用研究，并取得了一系列理论性和实用性成果，但最具发展前景的心理界壳和拟似界壳却鲜少有人涉足。这可能是因为界壳论的创始者几乎均为理工领域的科学家，他们对以“人”为研究对象的领域兴趣有限。

然而，若想扩大界壳论的影响力并向大众传播其知识，必须从心理界壳和拟似界壳切入 。因为只有这两类界壳可用于分析和解释人们日常生活中常见却值得深究的人际现象与问题。以下列举一些具体实例。

关于界壳心理，有一个最直观的例子：为何我们排队时不喜欢与他人靠得太近？为何公园的长凳上有人就座时，即便我们很疲惫，也会犹豫是否坐在旁边的空位上？心理学家解释称，每个人周围都存在一个微弱无形的“附属空间”，一旦有陌生人进入这个空间，就会让人产生不同程度的不适感。从界壳论来看，这是典型的界壳心理体现，而这个附属空间就是心理界壳。这些问题看似平常，但若从界壳论角度深入剖析，会发现其中蕴含复杂的机制，有诸多问题值得探究。界壳心理存在强弱差异，其程度既因个体不同而有所区别，也与心理界壳的形成过程和时间长短相关。心理界壳的形成往往经历漫长的时间，甚至以千年、万年为时间尺度。“天性”是最强的心理界壳，它是人类历经亿万年自然选择与进化的产物，例如“异性相吸、同性相斥”便是强心理界壳的典型例证。

下面再举一些关于真假界壳的例子：小时候撑起一把雨伞，听到雨滴敲打伞面的声音，会立刻感觉与世界分离；躺在蚊帐中，便有了安全感，薄薄的蚊帐不仅能挡住蚊虫，也仿佛挡住了黑夜中的“妖魔鬼怪”；长大后蜗居斗室，会觉得这方寸之地就是自己的“一统天下”；万里长城则被视为抵挡入侵的铜墙铁壁。实际上，这些感受均源于界壳心理的作用，而这四种界壳心理分别附着在三个假界壳和一个真界壳上。伞、蚊帐、居室都不属于真正的界壳，因为它们均由人工制造，自然也能被人工轻易损毁。万里长城则是一个真界壳，它既可以算作物质界壳，也可以视为心理界壳。尽管长城是人工建造的，但它历经了2000年的历史积淀，在历史上曾立下赫赫功勋，其神圣伟大的形象早已深入人心，成为具有生命力的存在。心理界壳是人类在成千上万年的自然进化过程中或外部环境影响下形成的生理特征或心理习惯，有些甚至成为人的天性，因此根深蒂固，绝非人力所能轻易改变。

天性是最牢固的心理界壳，作为亿万年自然选择进化的结果，天性总是有利于人类自身的发展和进化，否则天性本身就会逐渐发生改变。求新、求变、求异是人类最基本的天性，也是天地万物发生和发展的动力。没有新、变、异，就没有生命；差异即矛盾，没有差异，世界将陷入一片死寂。许多心理界壳，正是由求新求变求异这个“大界壳”延伸衍化而来。以婚恋选择为例，当下男女的婚恋行为常常受一种潜伏的界壳心理——求异心理支配而不自知。这里的“异”包括中外差异、地域差异、血缘差异、性格差异、兴趣差异，甚至年龄差异。从生物学角度看，差异有利于优生和人口质量提升。当然，求异心理属于开放性心理界壳，在婚恋问题中可能产生负面效应，需要具有约束作用的拟似界壳加以平衡。

从系统论角度研究界壳，可发现界壳具有阻隔与流通、防御与约束、保守与开放、排斥与吸引、固定与变形、连续与离散等一系列对立统一的双重特征。因此，界壳的分类除前面所说的六类之外，还可以根据这些两相对立的双重特征做更细的分类，可赋予界壳理论研究以更广泛、更深入的空间。这里无法对此一一进行解释，只挑出其中特别有意义的两对来说一说。一对是“防御与约束”。界壳，顾名思义应该是对外起防御作用的，但是某些人为界壳，即上面所说的拟似界壳，如宗教、道德、礼法、习俗等恰恰是对内起约束作用的。正是拟似界壳的这种内敛约束作用，为界壳理论在人文科学方面的应用开辟了另一片天地。“排斥与吸引”的对立意义在心理界壳中又作何解释呢？“排斥与吸引”隐约反映出了在某些特定条件下两种相反的界壳心理的斗争和转换。举例来说，按照天性这种极强的界壳心理，异性是永远相吸的，但是在另一类具有约束作用的拟似界壳影响下，例如在道德、礼教或习俗的约束下，则有可能出现暂时的异性相斥现象。实际情况当然比这要复杂得多，因其复杂，所以我们才需要研究。

正是由于界壳特别是心理界壳具有如此多的两相对立的双重特征，使得界壳论在有关人文科学诸如道德、伦理、宗教、观念、习俗、婚恋乃至性学和行为科学等研究领域的应用具有极大的潜力，许多司空见惯而又从未引起人们深思的社会现象和心理现象或许可以从心理界壳理论获得别开生面的阐释。心理界壳研究的前景未可限量，也许将来有一天，它将能够在人文科学领域建立起一个像弗洛伊德的精神分析那样新颖、超越而又家喻户晓的学说体系。

**中国气象科学研究院研究员** 史國寧

**2024 年 8 月**

# 目　录

# 第1章

# 引 言

我们通过一个例子来引出论题：什么是界壳？

众所周知，蚊帐的主要功能是防止蚊虫叮咬——它能阻挡蚊子进入帐内，同时允许空气通过网眼流动，人的汗水也能通过网眼散发出去。这说明帐子既能够保护人体免受蚊子侵扰，又能实现空气和水汽的交换，兼具卫护与交换功能。但参观故宫时我们会发现，那里的帐子一年四季都悬挂着。冬季没有蚊子，为何还要挂帐子呢？深入思考后会发现，帐子在心理层面也发挥着保护作用：当人躺在帐中时，会产生一种安全感，仿佛帐子将自己与周围环境分隔开来，形成了独立的空间。如今，受外来文化影响及住房空间限制等因素，在蚊子较少的地方，悬挂蚊帐的习惯已逐渐减少。一次，我与同事谈及此事，她突发奇想：如果有一位有创意的企业家，能将蚊帐设计成电控升降式——需要时按下电钮，帐子就从天花板垂下罩住床铺；不需要时则立即升起收纳，这样的蚊帐想必会很有市场。

世界上任何事物都可以看作一个系统，系统是普遍存在的。从茫茫宇宙到微观原子，一粒种子、一台机器、一个工厂、一个团体、一群蜜蜂、一伙强盗……皆为系统，世界本身就是系统的集合。系统论的核心，是将研究和处理的对象视为一个系统，分析其结构与功能，并探究系统自身、系统与系统、系统与环境之间的相互关系及变化规律。

进一步观察不难发现：任何系统都存在一个周界，将系统与环境隔离开来，而环境对系统的作用必然通过这一周界实现。传统系统科学往往隐含“环境不受限制地作用于系统”的假设，忽视了周界在环境与系统间的中介作用。事实上，周界对系统的生存与发展起着不可忽视甚至决定性的作用。界壳论正是将系统周界作为专门研究对象的理论。目前，学界对系统周界的专门研究较少，尤其是对其一般性规律的探讨更为罕见。

界壳论是研究系统周界的一般性理论，旨在揭示系统周界的共同规律及其在信息、控制、环境、管理、生物、心理、美学、哲学等领域的应用。其核心学术思想是：任何实际存在的系统，通过周界“界门”的能量、物质、信息输入与输出，必然受到周界的控制，系统状态与周界相互制约。

界壳论问题广泛存在于各个领域。在生物界，界壳现象最有代表性，如龟、鳖的坚厚甲壳是典型的保护型界壳，细胞外围的细胞膜则是分子层面的界壳现象。在社会领域，欧洲的城堡、中国的城墙曾用于卫护掌权者与臣民；飞行器外壳、坦克、碉堡等人造界壳，为内部人员提供安全防护；国家或地区的国界、区界通过海关控制人员与物资的进出。在经济领域，不同货币的兑换规则、关税壁垒、人员流动限制等，均体现了经济系统的界壳特征；当今世界的地方保护主义，本质上是人为构筑的“界壳”，阻碍了竞争与交流。

界壳论由曹鸿兴于 1988 年提出，目前已出版专著，召开过全国性学术讨论会并结集出版论文集，互联网上也有诸多相关介绍与研究。这一理论的提出源于对自然现象与社会环境的观察启发：龟、鳖、蜗牛等生物生有坚硬甲壳，尽管行动受限，却借此抵御天敌、繁衍不息，在地球上存活亿年未灭绝；人类社会中，个人一旦进入某个单位工作，就会被纳入组织体系，受到考勤制度、纪律规范甚至着装要求等约束，单位成为限制与保护个体的“界壳”；同理，每个人所处的国家、城市、乡村等地理或行政区域，本质上也是不同层级的界壳形态。这些界壳现象需要从物理、数学、生物学、社会学等多学科视角展开研究。例如，相对论中存在“观测者无法超越所在宇宙空间”的局限，其与观测对象的运动关系本质上是一种认知界壳；历史学家受限于自身所处的时代坐标，无法跳出历史长河客观审视事件；哲学家将世界划分为物质与精神范畴，却鲜少探讨两者通过“边界”相互作用的机制。事实上，几乎所有学科都隐含界壳论问题，而这一学术分支的提出，为各领域提供了深入挖掘的新维度与研究潜力。

本书从应用视角以通俗语言介绍界壳论，首先通过实例阐释“界壳”的概念，继而论述界壳论的基本原理，进一步列举界壳论在多领域（含日常生活）的应用实例，说明其广泛适用性。英文著作《系统边界的建模：界壳理论》（参考文献［11］）中提及的“界扉集及其表征函数”，为方便读者阅读，现经编译以中文形式收录于附录。界扉集作为界壳论的理论根基，诚邀数学领域的学者深入研究与拓展。

# 第2章

## 界壳现象纵览

## 2.1　界壳现象

界壳现象纷繁复杂、气象万千。物质世界的界壳：既有人类创造的产物，如长城、城堡、房屋、衣服；也有自然形成的边界，如龟壳、动物皮肤、河流分水岭、岛屿海岸线。精神世界的界壳：体现在意识形态与文化层面，如宗教中人间与天堂的区隔、不同语言体系的壁垒、政治信仰的分歧、哲学思想的分野等。

### 2.1.1　城　墙

城墙是一种典型的人造界壳现象，也是通俗易懂的范例。其墙体主要用于防御外敌，城门则供人员和物资进出。在中国，若地形条件允许，城墙通常建成四方形，每边设一个城门洞，即“四方四门”。为强化防御功能，城墙外往往还会挖掘护城河。与之类似的人造建筑，还有欧洲的城堡、战争中的碉堡等。

平遥古城

### 2.1.2　甲壳动物

甲壳动物属于节肢动物门，因多数具有坚硬如甲的外壳而得名，全世界约有 3 万多种，包括哲水蚤、水虱、藤壶、对虾、青蟹等。它们大多生活在海洋中，少数栖息于淡水或陆地，分布范围广泛，体型大小悬殊——小的仅有米粒般大，大的如巨螯蟹。蟹类通常有五对附肢，第一对称为螯足，主要用于捕食和御敌，且多为横向爬行。民间俗语“第一个吃螃蟹的人”，便用来形容敢于尝试的勇气，因其外形丑陋且外壳坚硬。部分甲壳动物具备发声能力，例如鼓虾，其大螯的不动指与可动指骤然合拢时，能发出响亮的爆音，用于御敌或吸引异性。绝大多数甲壳动物身上带有一定色彩的斑纹，并能随栖息环境改变颜色，形成保护色。界壳论所关注的正是这类动物的外壳，显然，它们的甲壳是为保护自身而演化形成的。

鼓虾

### 2.1.3 土　匪

土匪是指以半路抢劫、打家劫舍等为生的武装团伙。他们本质上是一群乌合之众，以抢劫、勒索为生存手段，为所欲为，是法律和社会秩序的破坏者，拒绝接受任何外在约束。但值得注意的是，土匪队伍内部往往存在严格的纪律约束，部分团伙的纪律甚至相当严苛。从社会组织属性来看，土匪、黑社会性质组织与秘密结社同属下层社会组织，在约束成员行为、协调行动步调、有效抗击或躲避官府追剿以保障自身生存发展等方面存在相似性。

以 1945 年以前的情况为例，东北、西南及太湖流域等地土匪活动猖獗，其生存依赖三大要素：一是地形屏障，二是关卡警戒，三是黑话体系。东北土匪藏身于常人难以涉足的深山老林，特殊的地形成为其天然生存屏障；同时，他们在进山要道设置卡哨，通过警戒阻止外人进入，形成物理层面的保护；即便有人进入土匪控制区域，也会遭遇黑话盘问，非同伙者极易暴露身份。这三者共同为土匪构建了物质与信息双重“界壳”。而抗日战争胜利后，解放军开展的剿匪运动，正是通过正面作战、潜伏渗透、内部瓦解等手段，打破土匪赖以生存的物质和信息壁垒，摧毁其构建的“界壳”体系。

### 2.1.4 猫　咪

猫属于猫科动物，分为家猫和野猫，其中家猫是常见的家庭宠物。野猫通常以伏击方式猎捕其他动物，且大多具备攀缘上树的能力。猫的趾底有脂肪质肉垫，这一特殊结构能使其行走时不发出声响，从而在捕猎时不会惊跑老鼠。

家猫躲在纸箱里

箱子对猫咪具有极大吸引力。无论箱子大小或形状是否规则，只要放置在地上、椅子上甚至书架上，很快就会被猫“占领”。荷兰学者克劳迪娅 · 芬克（Claudia Vinke）近年来针对收容所猫咪的压力水平展开专项研究。她将新进入动物收容所的家猫分为两组，一组提供箱子，另一组不提供。结果显示，两组猫咪的压力水平差异显著：获得箱子的猫在新环境中适应更快，压力水平更低，且更愿意与人类互动。遇到紧张情况时，几乎所有猫的第一反应都是后退并躲藏——这是猫在面对环境改变或压力时的行为策略。无论是野猫还是家猫，均遵循这一策略，区别在于：野猫会躲到树顶或洞穴中，而家猫则倾向于在箱子或盒子里寻求安宁。从界壳论角度看，箱子是猫的安全庇护所，也是其卫护自身的“界壳”。

### 2.1.5 圈　子

“圈子”也称群集，是人类社会中普遍存在的现象。圈子内部交往频繁，而不同圈子之间的交流则相对较少。在社会系统中，圈子是成员安身立命的依托，一个圈子往往代表着一股社会势力。置身于社会系统中的成员，或主动加入某个圈子，或无意识卷入某派别的关系网络，甚至单纯被他人视为可利用的“爪牙”，无论何种情况，都难免被归类和贴标签。小人物需要谨慎选择圈子，设法投靠并逐步提升自身在圈子中的地位；大人物则倾向于组建和经营自己的圈子，通过各种手段形成势力范围；最高层级的领导者（如古代皇帝）则需平衡各种圈子的关系：允许它们存在并适度竞争，但绝不容忍任何威胁自身权威的势力坐大。

在网络环境中，圈子（群）是网友展现自我与交流互动的空间。用户可以通过创建特定类别的圈子，聚集志同道合的朋友，形成独立的群体。圈子基于个人门户搭建的强大平台，具有界面友好、操作简便的特点。在圈内，成员可以查看其他网友最新发表或推送的文章、图片，并进行有效沟通。通过圈子的推送功能，文章和图片能更直接、快速地被有相同爱好的朋友欣赏。可见，无论何种类型的圈子，都具有“内紧外松”的特征——在圈子周围构筑无形的“卫护墙”，既增加外人进入的难度，也限制内部信息的外传，形成有节制的对外交流模式。

### 2.1.6　社会隔断

鲁迅在《故乡》中如此描述童年好友闰土与他相见时的情景：

这来的便是闰土。虽然我一见便知道是闰土，但又不是我这记忆上的闰土了……

我这时很兴奋，但不知道怎么说才好，只是说：

“阿！闰土哥，你来了？……”

我接着便有许多话，想要连珠一般涌出：角鸡，跳鱼儿，贝壳，猹……但又总觉得被什么挡着似的，单在脑里面回旋，吐不出口外去。

他站住了，脸上出现欢喜和凄凉的神情；动着嘴唇，却没有作声。他的态度终于恭敬起来，分明的叫道：

“老爷！……”

我似乎打了一个寒噤；我就知道，我们之间已经隔了一层可悲的厚障壁了，我也说不出话。

社会隔断是阶级论中的基本要素，有阶级必然存在社会隔断；反之，社会隔断的存在也催生了阶级。不同阶级或阶层间的交换是少又难的，统治阶级或上层社会需要借助这种隔断来维护自身利益，维持相应的社会秩序。

### 2.1.7 鹦哥鱼

鹦哥鱼

鹦哥鱼的嘴巴与身体融为一体，形状如同鹦鹉的喙。这类鱼以珊瑚为食，会将无法消化的珊瑚碎屑排泄出来，最终形成沙子。值得一提的是，鹦哥鱼在入睡之前会分泌出一种黏液，在身体周围形成一层“保护膜”，借此掩盖自身气味，避免夜间掠食者靠近，这层黏液堪称它们独特的防卫“墙”。

### 2.1.8 国 界

国界又称疆界，是一个国家主权管辖范围的地理界线。通常以领陆和领海的边界为基准，向上和向下作垂直线，构成该国领空与底土的界限。

国界之所以属于一种“界壳现象”，是因为除口岸作为人员、物资交流的通道外，国界的其他区域通常禁止通行，且由边防部队严密管控——既禁止外国人非法进入，也限制本国人擅自越境。换言之，仅有口岸作为“界门”实现双向交换功能，国界的其余部分均构成不可逾越的“界壁”。

### 2.1.9 原 子

原子由原子核及绕核旋转的电子构成，电子具有特定的运行轨道，并在一定范围内活动。这一范围被称为电子的“势力范围”——其他电子无法进入该区域，从而确保原子间的空隙不会缩小，此范围即原子的界壳。当原子形成分子时，不同原子间因化学键的作用产生相互吸引力，进而防止原子间的空隙扩大。因此，组成物质的原子间虽存在空隙，但该空隙会保持相对稳定，这一特性保障了物质的结构稳定性。

### 2.1.10　马群布阵

马和牛不同，马没有角，当受到其他动物袭击时，唯一的对抗办法是奔跑逃走。不过，马群有一个对抗袭击者的办法：它们会排立成一个圆圈，头朝里，后脚在圆圈外。这样一来，当其他动物来袭时，它们就可以用后脚蹬击对方，而马脚的蹬力足以打退来袭者。马群这种圆圈御敌的方式，类似于古代兵家布阵。

## 2.2　界壳现象博览

若用图像来表示界壳，这些图像可谓千奇百怪——有的十分美丽，有的略显丑陋；有的像长城般绵延万里，有的则小如微生物。此处收集了若干案例供读者浏览与思考。需要说明的是，文中列举的界壳大多来自宏观世界，而微观世界中如生物分子层面的界壳，以及海洋中部分微生物的界壳现象，因认知有限，暂未列出。

### 2.2.1　宅门和旗袍女

《宅门和旗袍女》是一幅饶有趣味的图像，其中呈现了四种界壳现象：看门狗、宅门、旗袍和雨伞。

宅门和旗袍女

看门狗兼具双重角色：既是信息守卫——它的吠声会提醒主人有来客；又是暴力守卫——若生人强行闯入宅院，它会发起攻击。

椭圆形的砖门虽无实际可闭合的大门，却构成了一道信息界门，向来访者传递“踏入门内即可能侵犯私人住宅”的警示。

门外的时髦女子身着旗袍，这件衣物既是遮体护体的外壳，也是美化身形的装饰；她手中的雨伞显然用于遮挡雨水。从防雨功能来看，雨伞是一种界壳；但伞下空间敞开，就视线、阳光和风而言，它又是可供通行的通道，即界门。

### 2.2.2 长 城

长城

长城作为举世闻名的历史文化遗产，始建于冷兵器时代，是中国古代为抵御外敌入侵而修建的军事防御工程，也是中国坚不可摧的象征。它不仅是中国，更是世界上修建时间最长、工程量最大的古代防御工事。自公元前七八世纪起，历经 2 000 多年的持续修筑，长城蜿蜒分布在中国北部和中部的广袤土地上，总长度超过 5 万 km。

关城是万里长城防线上极为重要且集中的防御据点，沿线关城数量众多、规模各异，其中山海关、黄崖关、居庸关等更是声名远扬。长城城体主要用于防御敌人，而关城则承担着人员往来、物资流通的功能，在防御外敌的同时，也成为了物资交换与人员出入的通道。

### 2.2.3　乌　龟

乌龟

世界上爬行速度最快的乌龟是南非的豹纹陆龟“伯蒂”(Bertile)，其爬行速度可达 0.28 m/s。乌龟是生物界壳的典型代表——为抵御其他动物的捕食，它们生有坚硬的甲壳。当受到袭击时，乌龟会迅速将头、尾及四肢缩回壳内，依靠这身“铠甲”保护自己免受侵害。正是这层甲壳，让乌龟在地球上存活了上亿年。

### 2.2.4　大　象

大象

大象是陆地上体型最大的动物，庞大的身躯令其他食肉动物望而却步，加上其坚韧的皮肤难以被猎食者伤害，从而保障了生命安全——这层坚厚的皮肤，就是大象的“界壳”。

### 2.2.5　女孩与狗

女孩和狗

人类全身皮肤光滑且布满汗毛孔，这种结构使其能接收更多外界刺激与信息，进而反应灵敏。有学者认为，这种能够全方位接收刺激的皮肤，对脑神经起到了激发作用，推动人类向智慧方向进化。

画面中女孩身前的狗则与之不同：全身被毛覆盖且无汗毛孔，这既减少了接收外界信息的通道，又导致身体无法通过排汗散热，因此只能通过伸长舌头来散温。

### 2.2.6　围　屋

客家围屋是客家文化中极具代表性的民居形式。它融合了客家先民的古朴遗风和南方地域文化特色，被列为中国五大特色民居建筑之一，在客家人聚居的地方总能见到其踪迹。

客家民居主要分为三大类：客家围屋、客家排屋和福建土楼（注：福建土楼部分属于客家民居，部分为闽南民居，此处为传统分类表述）。这类民居的诞生与客家人的迁徙史密切相关——作为躲避中原战乱而南迁的群体，客家人为应对与原住民的冲突，修建了兼具居住与防御功能的大型建筑单元，既以宗族血缘为纽带聚居，又通过建筑结构实现卫护目的。

福建土楼

### 2.2.7　洞　屯

洞屯

在贵州贵安新区，有一个名为鱼雅的村庄，村民将山中的一处洞穴改造成了堡垒。每当战乱发生时，村里人便会躲进洞中。如今，村民们依然保留着穿明代服饰、梳明代发型的传统。

这座堡垒的入口按照城门样式修建，门洞狭小，仅容人弯腰进入。穿过城门，内部是一处宽敞的溶洞，可供人们生活居住。堡垒设有城门和四个射箭孔，用于抵御外敌入侵。

### 2.2.8　滨海湿地

滨海湿地指沿海区域及湿地范围内的岛屿、低潮时水深不超过 6 m 的水域，涵盖河口、滩涂、盐沼、海湾、海峡、红树林、珊瑚礁等，是海洋与陆地生态系统的交错过渡地带。作为海陆交汇处，滨海湿地受潮汐作用显著，淡水与咸水在滩涂区域相互作用，孕育了丰富多样的生态类型，构成了典型的“生态型边界”。

滨海湿地

### 2.2.9 门　神

门神是农历新年贴于门上的传统画类，在民间信仰中承担驱鬼邪、卫家宅、保平安、降福吉等功能。门神按功能可分为驱邪类、祈福类、宗教类、武将类、文官类等。其中，武将类门神多绘以凶煞威严之相，通过视觉威慑传递“禁止邪祟入侵”的信息，形成一种具有象征意义的“信息界壳”，守护家庭安宁。

门神

### 2.2.10 事件视界

黑洞是宇宙中一种极端天体，其核心为密度无限大、时空曲率无限高、体积无限小、热量无限大的奇点，周围环绕着一片不可见的天区。黑洞最外层的“事件视界”是关键边界——这是光线恰好无法逃离黑洞引力的临界范围：在此区域之外，光线尚可挣脱引力；一旦越过边界，任何物质（包括光）都无法逃脱。事件视界蕴含巨大能量，其量子效应会引发高温粒子流向外辐射，即著名的“霍金辐射”。

黑洞

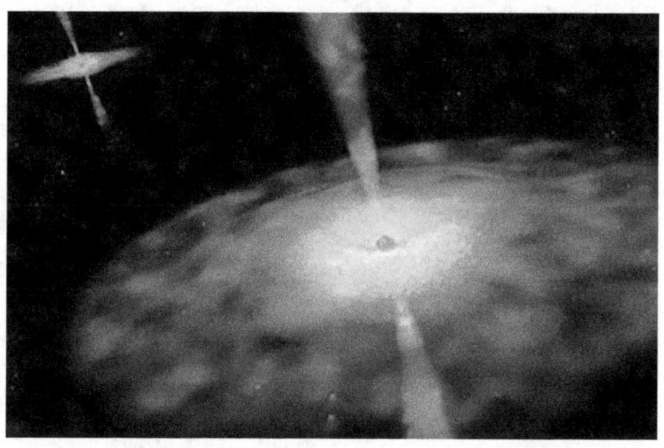

霍金辐射

## 2.3 界壳的整体性特征

从以上列举的种种界壳现象中，不难归纳出以下特征：界壳在结构上具有界壁和界门（或称通道）的二元结构；在功能上分为卫护与交换两类，其中交换功能由输入和输出组成。由此可将系统划分为界壳与系里两部分，而界壳正是我们研究的核心。界壳作为系统存在的一种特殊形态，具有以下整体性特征：

（1）普遍性。界壳是系统不可或缺的组成部分，广泛存在于各个领域。任何系统都通过周界与环境区分，并与环境进行物质、能量和信息交换，因此界壳作为系统的子系统具有普遍性。可以说，有系统之处必有界壳。

（2）空间特殊性。界壳位于系统的周界，这一特殊位置使其具备独特功能：作为系统与环境的接触面，承担能量、质量和信息的交换作用。这种空间属性决定了界壳的结构与功能不同于系统内部（系里），是系统与外界互动的“前沿阵地”。

（3）对输入输出的约束性。界壳的存在对系统与环境间的物质、能量和信息流动形成约束，即系统的输入与输出无法任意进行。这种约束功能是界壳形成的重要原因之一——它使系统能够根据生存需求选择性地摄入与排泄，实现动态平衡。从控制论角度看，这是界壳对系统存活的调控作用，也是系统可控性的关键因素。界壳性状的改变会直接影响其约束功能，进而导致系统与环境发生连锁变化。

（4）中介性。界壳作为环境与系统之间的中介体，其作用在信息交换中尤为显著：外部信息通过界壳的接收器传递至系里时，会被转化为系统可“识别”的形式；而系里向外传递的信息也会经界门加工后输出。这种中介性源于界壳的空间位置，使其成为沟通系统内外的桥梁。

（5）依附性。界壳始终依附于系统主体（系里）存在，二者相互依存：若系里消亡，界壳也将失去意义（如羊群与羊圈构成的系统，若无羊群，羊圈仅为单纯的建筑结构）。尽管系统可划分为界壳与系里，但界壳并非独立实体，其存在依赖于系里。当然，这种依附是相对的——缺乏界壳的系统也难以成为完整的现实系统。

（6）非任意性。界壳的外形、结构、界门的排列及功能等，既受系里的内在规定性制约（如生物的外壳形态由其基因决定），也受环境条件影响（如水生动物多生鳞片而非毛发）。可以说，界壳是系统与环境长期相互作用、协同演化的产物，而非任意形成。

（7）多样性。界壳的表现形式丰富多样：从形态上看，既有规则结构（如建筑围墙），也有千奇百怪的自然形态（如生物外壳）；从时间维度看，其存在状态随演化进程动态变化（如青蛙从卵到成体的形态转变）。人类服饰的历史演变与同一时代的多样款式，以及生物界的外形差异，均体现了界壳的多样性，这也成为科学研究的有趣课题。

# 第3章

# 界壳及其理论

本章叙述界壳的定义、界壳论的研究对象和方法。另外，还给出了界壳的类型，以辨识客观世界中形式多样的界壳。

## 3.1　界壳论的提出和发展

界壳论的第一篇文章由曹鸿兴于 1988 年撰写，题为《界壳现象及其学术框架》。1997 年，界壳论的第一本书《系统周界的一般理论：界壳论》出版，奠定了界壳论的发展基础。2011 年，第二本书《界壳论精要及其应用》出版，展现了界壳论发展的丰富内容。英文著作 *Modeling of System Boundary—Periphery Theory* 也于 2016 年在德国出版，预示着界壳论正迈向国际化。界壳论是关于界壳现象描述及其模型化的学问。2008 年以前，其主要以描述连续的微分方程作为模型化手段，这在一定程度上限制了它在许多学科中的应用。而在此之后，界壳量化的原理和数学方法被提出，为界壳论向更多领域（尤其是人文科学领域）的应用开辟了途径。

鉴于界壳论已具备扎实的基础，预计未来界壳论将向两个不同方向发展：一方面，把界壳论原理应用到多个领域，尤其应用于实用科技的各个分支，同时也要应用于人文科学、社会科学领域，这些领域存在广阔的应用空间。正如有作家和画家所言，甚至可以像弗洛伊德精神分析论那样，拓展出界扉文学艺术。另一方面，加深理论研究，例如从现代数学观点定义界壳及其理论，使其拥有严密的数学物理基础。

## 3.2　何谓界壳?

任何一个系统，总会存在一个周界将系统本身与环境隔离开来。环境对系统的作用必须通过周界实现，反之，系统也必然通过其周界对环境产生影响。界壳被定义为处于系统外围、能卫护系统且与环境进行交换的中介体，它既是系统的组成部分，又与环境直接毗邻。如前章所述，界壳现象广泛存在于自然界和人类社会中。若一个系统的周界既具备卫护系统本身的功能，又能在系统与环境间发挥交换作用，则可称其为界壳。例如，中国的城墙、西方的城堡、细胞膜、保安警卫、防火墙等均属于界壳，而商品包装不属于界壳。以细胞膜为例，它是一种典型的界壳现象，既卫护细胞的生存，又通过膜上的离子通道进行物质交换。

“界壳”是一个新创词汇，“界”表示系统都有边界、界面；“壳”表示系统为保障自身生存与安全，需要有类似“壳”的结构围绕。当然，用“界扉”一词表达也颇为恰当，因为“扉”意为门，“界扉”既包含卫护系统的“界”，又包含供输入、输出使用的“门”。因此，我们将由界壳论衍生出的集合论称为“界扉集”。

## 3.3 界壳理论

界壳理论简称界壳论，是研究系统周界的一般性理论。它不局限于单个具体系统的周界研究，而是致力于揭示存在于各类系统周界中的共同规律。界壳论认为，系统是由若干相互作用的部分组成的复合体，与系统相邻并依附于系统的部分称为环境或外界，分隔系统与环境的屏障称作系统的周界。无论是物质、能量还是信息，从系统到环境或从环境到系统的传输，都必须经过这一周界。系统周界对系统的生存、调控和演化起着关键乃至决定性作用，本质上是对系统的一种控制或约束。为表述简便，我们将物质、能量和信息统称为“物量”。尽管三者性质差异显著，但在进出界门进行交换这一特性上具有共性，因此后文行文中“物量”一词即指代物质、能量和信息。

界壳论聚焦于研究界壳的普适性规律，从一般意义上探究界壳的结构、功能和行为。举例来说，它不关注蔬菜大棚的具体建造工艺或材料选择，而是研究大棚的通用功能，如防风雨、允许阳光射入以实现温室效应等。

界壳论以全新视角探讨系统平衡、生命生存、文化融合、宗教信仰等不同学科领域的问题，堪称一块有待开垦的科学处女地。

关于系统周界的研究早已有之。在热力学中，系统被分为孤系、闭系和开系三类：孤系：周界起着“绝热体”的作用，系统与环境之间不存在任何相互作用，既无物质交换，也无能量交换。

闭系：系统与环境间无物质交换，但存在能量交换。例如，用水壶烧开水时，热能通过热传导传递给壶中的水。

开系：环境与系统间既有物质交换，也有能量交换，人体便是典型的开系。

控制论和系统论均涉及环境与系统交互作用的讨论，系统分析方法也强调了系统周界划分的重要性。然而，环境与系统间的交换或交互作用究竟如何通过周界实现，以及系统如何依靠周界卫护自身生存，仍是现有理论尚未探讨的问题。

## 3.4　界壳论的研究方向和途径

一般来说，科学方法可分为三个层次，即哲学方法、一般科学方法与专门科学方法。我们可以将界壳方法视为一般科学方法，它具有跨学科性质，概括程度较高且适用范围较广，是哲学方法和专门科学方法之间的中间环节。界壳方法是系统方法的一部分，由于界壳是系统的外围部分，界壳方法自然隶属于系统方法。但界壳方法还与物理、数学、化学、地学、心理学、社会学等自然科学及社会科学存在关联，具有独特性。因为研究界壳需涉及系统、界壳和环境三者，这是一个三体问题。不过，由于界壳本身属于系统的一部分，因此它又不同于通常的三体问题。可以设想，随着对界壳论研究的深入，界壳方法论也会自成体系、日臻完善。

界壳论的研究方向可归纳为以下三个方面：

（1）界壳的结构、功能与行为；

（2）界壳的数学描述及其数学模型与计算机模拟；

（3）界壳论的应用，即运用界壳论的规律探索各类问题，研究解决问题的新途径，并运用界壳论原理为某些论题建立数学模型。

不同性质、不同形式的界壳及其交割会引发种种复杂现象，这构成了界壳论研究内容的丰富性。

界壳论的研究方法与通常的科学研究方法相似，例如对界壳进行静态和动态观测，然后进行分析。由于界壳论是跨学科的综合科学，需运用已有的或创立新的数学原理和方法对界壳进行定量研究，且在研究过程中应将抽象思维置于主要地位。

## 3.5　界壳类型

分类是根据事物属性对其进行分门别类，使复杂无序的事物系统化，从而更好地认识和区分所研究的对象，这是任何学科研究的首要步骤。

首先，用二分法可将界壳分为有形界壳和无形界壳。有形界壳指具有实体形态的界壳，如法律条文、宗教条文、人类的衣服、羊栏、牛圈等。无形界壳指不具备实体形态但具有约束作用的规则或现象，如无文字记载的习俗、人的影子，以及不同语言未经翻译时形成的沟通屏障。

其次，界壳可归类为硬界壳和软界壳。硬界壳指可视或可测量的实体界壳，如物理存在的围栏、建筑结构等。软界壳指非实体的抽象界壳，由文化、习惯、信仰等差异形成，如不同国家或宗教对通婚的限制规则，其本质是因文化隔阂形成的无形约束。

从数学角度，界壳可分为 0 维界壳、一维界壳与多维界壳。0 维界壳可抽象为一个点，如空间中的孤立边界点。一维界壳指呈线性分布的界壳，如横坐标上由界壁 0 和 1 组成的连续区间，形成一维边界约束。多维界壳指具有三维或更高维度结构的界壳，如鸡蛋的蛋壳（三维实体界壳，蛋壳上的气孔为物质交换通道）。多维界壳在理论物理中可能用于构建新的物理模型、宇宙模型或导出相关概念。

从不同视角可将多种多样的界壳归纳为以下八种类型：

（1）物质型界壳和精神型界壳。

物质型界壳和精神型界壳是最常见且易于理解的分类。

物质型界壳：由实体物质构成，具有物理防护与分隔功能。例如，古时将士的盔甲、现代作战的坦克，通过实体结构抵御外界冲击；飞机外壳以密封设计保护机舱内的旅客、货物和设备，仅通过舱门实现人货进出；植物最外层的表皮，既能保护机体内部组织，又能通过气孔与环境交换水分和空气。

精神型界壳：以抽象的理念、规则或文化体系为核心，约束系统行为并形成边界。例如，宗教教义通过信仰体系规范信徒的思想与行为；哲学流派以独特的理论框架划分认知边界；帮会规则、法律法规等社会规范，通过制度性约束界定群体或个体的活动范围。

（2）能量型界壳。

能量型界壳虽由物质构成，其核心功能在于调控能量的聚集与散发。例如，冰箱通过维持低温环境实现能量的散发，从而在箱内创造适合保存食物的条件；天空中的云层则通过减少地球长波辐射向宇宙的发散，实现能量的聚集，保障地表环境温度适宜生命生存。

（3）信息型界壳。

信息型界壳是指以信息保护和交换为核心功能的界壳类型，其信息需依托物质载体存在。例如，动物通过撒尿（物质行为）标记领地，向其他动物传递“禁止进入”的信息；专利制度则通过法律文件（物质载体）保护技术秘密，同时允许通过专利转让实现技术信息的交换。简言之，信息型界壳的本质是通过物质手段维护系统的信息属性，并实现信息的双向流通。

（4）分离界壳与邻接界壳。

分离界壳与邻接界壳是根据界壳与系统的连接关系划分的两类界壳。当系统与界壳形成两个独立实体时，称为分离界壳，例如篱笆与房子相互独立，篱笆即为分离界壳；蔬菜大棚同样属于分离界壳，它通过与内部种植区域的物理分隔，起到汇聚阳光实现温室效应的作用。反之，若界壳与系统主体直接相连，则称为邻接界壳，如人体皮肤与其他器官紧密相连，构成保护机体的邻接界壳。

蔬菜大棚

（5）抽象界壳与实体界壳。

抽象界壳与实体界壳是依据界壳的存在形态划分的两类概念。

抽象界壳是不具备物理实体的虚拟边界，由规则、概念或逻辑体系构成。例如，网络社群是典型的抽象界壳。网民依据特定条件或原则组成圈子，在其中交流互动，人员进出需遵循一定规则，部分社群设置严格的准入条件，形成狭窄的对外通道。欧几里得几何体系也可视为抽象界壳，它构建了一套自洽的数学逻辑边界，长期被视为不可动摇的权威，直到罗巴切夫斯基几何的出现，才打破这一界限，拓展了数学认知的新领域。

实体界壳则是通过真实存在的物理隔断物（界壁）分隔系统与环境的界壳。例如，气球的橡胶壁将气体围闭在内，形成实体界壳，仅通过开口实现气体交换；马厩的围栏、饺子的面皮、保险柜的外壳等，均以实体形态构成防护边界，属于典型的实体界壳。

（6）开放界壳与封闭界壳。

开放界壳与封闭界壳是根据界壳与环境的交换特性划分的两类形态。

开放界壳是界壳的基本状态。根据界壳定义，界壳需实现系统与环境的物质、能量或信息交换，因此必须具备“界门”（即通道），维持开放状态。例如，动物通过呼吸系统持续与外界进行气体交换，始终保持开放；其皮肤作为外围界壳，虽主要起保护作用，但仍需通过毛孔等细微结构实现基础代谢物质的交换。

封闭界壳是界壳的特殊理想化模型。在特定研究条件下，为简化分析，可将系统近似视为与环境无交换的封闭状态。例如，热力学第二定律的推导即基于“封闭系统”假设，假定系统与环境间不存在物质和能量的传递。需注意的是，现实中绝对封闭的界壳几乎不存在，封闭状态更多是理论研究中的抽象概念。

（7）自然界壳与人工界壳。

自然界壳与人工界壳是依据界壳的形成方式划分的两类形态。

自然界壳指自然界中自然演化形成的系统周界，广泛存在于各类事物中。例如，龟类的甲壳、生物体的皮肤、地球的地壳等，均通过自然选择或地质运动形成，其形态和功能适应自然环境的长期演化。

人工界壳是人类有意识创造的系统周界，在形态和功能上与自然界壳存在显著差异。例如，中国传统的院墙、城墙多采用四四方方的规则几何造型，体现人工设计的简洁性；人工周界普遍呈现简单几何图形或拼合结构，如建筑围栏、容器边界等。汽车外壳的演化是典型案例：早期汽车与马车类似为敞篷设计，随着车速提升，逐渐发展为密封、隔音、绝热的复杂结构，这一过程体现了人类根据功能需求对界壳进行的主动改造。

（8）可变界壳与固定界壳。

可变界壳与固定界壳是根据界壳形态的稳定性划分的两类类型。

可变界壳指形态或功能随时间、环境动态变化的界壳。例如，婴儿的皮肤会随着生长发育持续扩张，每天都在发生变化，属于典型的可变界壳；某些动物的皮肤具有变色能力，能根据环境调节自身状态，同样属于可变界壳。

固定界壳指在一定时期内形态相对稳定，仅在大规模维护或重建时才发生显著改变的界壳。例如，飞机外壳、建筑物等人工构造物，通常在设计使用周期内保持固定形态，仅在大修或重建时才会调整；汽车外壳、手机壳等工业制品，在正常使用过程中形态基本不变，属于固定界壳。

# 第4章

# 界壳论的用途及与其他学科的关系

界壳论有什么用途，这是读者一定会问的问题，为此本章作了回答，并论述了界壳论与系统论、控制论的异同和关系。

## 4.1　界壳论的用途

人们自然会问，界壳论究竟有什么用途呢？这个问题实际上与 20 世纪 40 年代人们对控制论提出的问题类似——因为两者都属于横断科学。和分形理论一样，界壳论既能应用于科学领域，也能应用于艺术领域。科学与艺术犹如鸟之两翼，而界壳论兼具推进两者发展的功能：科学征服了世界，艺术美化了世界，而界壳论专注于研究事物的边界（或称表面）及其共同规律。这种“表面”恰恰也是美学的研究对象。从第 1 章列出的界壳图像中，便能悟出界壳具有审美价值，它或是开创新美学分支的理论模板。

界壳论的用途丰富且广泛，可归结为以下几个方面。

### 4.1.1　提供认识世界、了解历史的新思路、新观点

界壳论为人们提供了全新思路，凭借这一思路能够重新审视既有的理论和结论。

依据界壳论，许多现象发生于界门或通道之处，原因在于此处持续进行着系统与环境的交换。世界存在四大古文明，分别是古埃及文明、古巴比伦文明、古印度文明和中华文明。其中，前三种文明均发源于河流入海口以上的区域。以往，中国传统观点受古书记载影响，认为黄河是中华民族文化的摇篮。然而，近年来众多考古发现证实，黄河、长江的入海口以上地区，或者从更广泛的范围来讲，黄河、长江的中下游地区才是华夏文明的发源地。这一结论既契合界壳通道的观点，也与其他三大文明的发源

地特征相吻合。

2007 年 11 月 29 日，浙江省公布重大考古成果：在距今 4 000~5 300 年的良渚遗址区内发现一座面积达 290 万 $m^2$ 的古城，其年代不晚于良渚文化晚期。这是长江中下游地区首次发现的良渚文化时期城址，也是目前发现的同时代中国最大的城址。古城西城墙西侧为城河，东侧分布着民居，东北方向则有贵族墓葬，城墙上还留存着原始居民的生活垃圾痕迹。有研究表明，当时“良渚”势力范围覆盖半个中国，这座新发现的古城相当于良渚时期的都城。部分专家认为，中国朝代断代史可能因此改写——目前主流观点认为中国最早的朝代为夏、商、周，而良渚古城的发现或意味着需将良渚纳入更早的文明序列。关于良渚文明衰落的原因，学界存在多种解释，其中“海浸、洪涝导致自然环境恶化，迫使良渚人迁徙，最终“文明失落”的学说具备较强科学依据。

在宇宙起源问题上，目前主流的学说是大爆炸理论。根据该理论，星系连同其他所有恒星和行星均诞生于一个所谓的“奇点”，宇宙中所有最原始的物质都聚积于此。然而，大爆炸理论存在一个巨大缺陷——它无法解释大爆炸之前这个奇点从何而来。不少学者对此提出异议，例如俄罗斯科学家就否定宇宙大爆炸假说，提出“电磁宇宙理论”，认为宇宙永恒存在，星系诞生于黑洞放电现象。

所谓平行宇宙（又称多重宇宙），是一种尚未被证实的理论假说。该理论认为，在人类所处的宇宙之外，很可能存在其他宇宙——这些宇宙是宇宙可能状态的映射，其基本物理常数可能与人类认知的宇宙相同，也可能不同。从界壳论角度重新审视大爆炸理论，可自然推论出人居宇宙之外存在其他宇宙这一观点。

从界壳论角度考察这一问题，可提出如下观点：所谓“大爆炸”，实际上是另一个宇宙的物质通过“小孔”（小至纳米级甚至更小）向“人类所处宇宙”的喷射现象。由于人类所处宇宙是一个低温系统，进入其中的物质会迅速冷却并生成星系。当然，这仅是关于宇宙起源的一种假设。

### 4.1.2　发展自然科学与社会科学领域的新模型

从界壳论视角重新审视已有的物理模型，可基于该理论发展出新模型。例如，通过界壳论观点优化边界条件设定。以交通流研究为例，红绿灯、收费站本质上是公路系统中的“界门”，其功能是调节交通流速。若依据这一思路修正控制交通流的微分方程，或许能获得更优的计算结果。

运用界壳论思路，还可构建“人口–移民模型”：当国内人口增长缓慢或停滞时，可通过“界门”机制吸收外来移民；反之则减少或停止移民吸纳。这种动态调节机制可进一步转化为数学模型，而此类研究在相关领域尚属前沿空白。

### 4.1.3　开辟理论创新的新途径

从历史维度审视，活字印刷术开创了出版业的新纪元；瓦特发明蒸汽机，将人类从人力与兽力的依赖中解放出来；人造卫星的诞生，使人类得以从太空视角审视地球，突破了认知的局限性。这些均堪称科学技术领域的里程碑式创新。人工智能作为控制论、系统论的重大发展成果，其持续进步依赖于基础理论的创新突破。

从界壳论视角剖析这些案例，对于突破“界壁”束缚、推动持续创新具有指导意义。

界壳论在不同领域的应用将催生诸多新的数学问题。例如，运用界壳论探讨宇宙边界问题，不仅能为宇宙学研究注入新的理论视角，还会衍生出新的数学命题；若将界壳作用视为一种特殊的控制或约束机制，则可与控制论形成理论渗透，实现学科间的协同发展。

文学艺术领域的创新尤为关键，一部成功的文艺作品往往是作者创造性突破的结晶。如曹雪芹塑造的贾宝玉、林黛玉，鲁迅笔下的阿 Q，巴尔扎克刻画的葛朗台等，无不是作者突破传统思维定式而创造的经典文学形象。文学创作的创新路径考验着作家的深厚功底——既需要向经典学习，更需要个人的潜心钻研，从而开辟通往文学高峰的新路径。

## 4.2 界壳论与系统论、控制论的关系

世界上任何事物均可视为一个系统，系统具有普遍性。系统论将所研究和处理的对象视作一个系统，通过分析系统的结构与功能，探究系统、要素、环境三者的相互关系及变动规律。系统论以系统总体为研究对象，而界壳论则聚焦于系统的周界。如前所述，界壳论的研究对象即为系统的周界，因此可将界壳论定义为系统科学中的一个专门研究领域。由于周界在系统中处于特殊位置，对其展开研究具有独特的科学价值。

控制论是研究系统中反馈与通信的学科，其目标是对系统进

行控制或使系统实现自我控制，以达成某一确定目标。在控制理论中，必须借助外界约束使系统达到给定目标。从结构上看，界壳是与系统不可分割的周界；就作用而言，界壳是对系统行为的一种特殊约束（控制），正是由于这种约束，系统得以稳定、存活或发展。因此，从这个意义上说，界壳论将丰富控制论的内涵。现有关于界壳论的研究表明，将界壳作为系统的一种约束来处理，不仅能够开拓控制论研究的新领域，还能为数学、物理领域某些问题的研究提供新的思路。

## 4.3　界壳论与耗散结构论、协同论的关系

耗散结构论由 I. Prigogine 提出，该理论指出：当系统处于远离平衡态时，通过与外界进行能量和物质交换，能够形成并维持一种由非线性机制产生的有序结构，即非平衡态下宏观系统的自组织现象。这里的“自组织”是相对于“外组织”而言——“外组织”现象是指在指令作用下系统各部分协同完成特定功能，而自组织则是系统各部分通过相关或相干作用形成的默契协同。通俗来讲，平衡结构是“死”的有序结构，耗散结构则是“活”的有序结构。以天空中的云街为例，其作为典型的自组织现象，依赖环境流场提供的热力和动力因子形成并维持，这种有序结构需消耗能量来维系，因此属于“活”的结构，这正是系统远离平衡态时呈现的耗散结构特征。

协同论（Synergetics）由德国物理学家哈肯（H. Haken）创立，该理论研究由大量子系统组成的系统。在特定条件下，子系

统间通过相干性产生协同作用，形成具有特定功能的自组织结构，这种结构既可以是宏观空间分布的有序形态，也可以是随时间变化的有序过程，或两者兼具。

协同论与耗散结构论均以系统自组织为研究对象，但二者的研究视角和方法存在差异。值得注意的是，两者在探讨自组织系统的生成与发展时，均忽略了系统周界的作用，假定能量、物质和信息可不受限制地在环境与系统之间双向流动。然而实际情况中，周界在物质与能量的输入输出过程中起着关键作用——只有通过周界输入足够的能量和物质，自组织现象才可能发生。以台风形成为例，温暖的海洋持续向台风内部输送水汽，这一过程必须通过周界完成。周界对系统状态变化的影响往往具有决定性，而界壳论正是聚焦于这一关键环节，不仅研究周界对系统的控制作用，还探讨周界自身的结构、功能与行为机制。相较于协同论和耗散结构论对系统非线性特征的研究，界壳论更侧重周界对系统非线性结构形成的影响，这正是系统科学亟待拓展的重要研究方向。

## 4.4 时间界壳

界壳通常对应空间维度，处于系统所占空间的外围，使系统与环境保持不连续性——换句话说，界壳的传统定义基于空间维度。若将界壳概念延伸至时间维度，便可展开对“时间界壳”的研究。事实上，从宇宙演化、生物进化和人类历史进程中时间流逝的视角观察，大千世界的循环演变同样存在界壳现象。

在人类社会中，时间维度的界壳现象很容易被识别。例如，一场大革命或大规模战争前后，社会的物质与精神面貌往往呈现断裂特征：辛亥革命后，清王朝覆灭，民国建立，民众欢呼雀跃，男性摒弃留辫习俗，女性不再缠足。在此语境下，可将时间界壳定义为人类文明的非连续性。在时间界壳的研究中，自变量为时间 $t$（而非空间 $R$）。依据界壳“具有卫护和交换功能的系统周界”这一定义，时间界壳可理解为：一方面卫护特定时段内系统的存续，另一方面确保该系统与过去及未来进行“交换”。由于未来尚未发生，与未来的“交换”仅存在于理论设想；而与过去的“交换”具有单向性——仅过去影响现在，无法逆向作用，这正是时间界壳与空间界壳的核心差异。

地球演化史上曾发生五次大规模物种灭绝事件，每次消失的生物种数介于 65%～95%，这类灭绝事件多与地外天体撞击引发的全球性环境灾变相关。其中，最著名的当属 6500 万年前的恐龙灭绝，普遍认为其与小行星撞击导致的气候灾变有关。恐龙灭绝为后续哺乳动物的兴起乃至智能生物——人类的出现奠定了基础，使得物种大灭绝前后的地球生态呈现截然不同的图景。

目前，人类对宇宙演化的认知仍较为有限。假设宇宙大爆炸理论成立，那么自爆炸瞬间起，宇宙系统开始其生成、存续与演化历程，而爆炸之前的状态至今未知。根据界壳论，伴随大爆炸形成的时间界壳，必然继承了此前的物质——即宇宙中存在从大爆炸前流入的物质，通过观测这些物质或可揭示宇宙诞生前的状态。关于宇宙年龄，目前存在两种理论：一种支持大爆炸理论，认为宇宙年龄超过 150 亿年；另一种认为宇宙年龄在 80 亿～120

亿年之间。然而，人类目前发现的最远星系距地球达140亿光年，有学者（如温蒂·弗里德曼）指出“宇宙年龄小于部分星系”的矛盾现象。时间界壳理论可对此作出解释：这些“高龄星系”形成于宇宙诞生之前，随后通过宇宙“界门”进入当前宇宙。

此外，时间界壳在心理层面也有显著体现。例如，某人在比赛或考试中遭遇重大失利后，可能短期内情绪崩溃（如伤心落泪、嚎啕大哭），需经历较长时间才能恢复常态。

综上所述，时间界壳是界壳论的重要研究方向。尽管时间维度存在界壳现象，但界壳的基础定义仍基于空间维度——除非特别指明“时间界壳”，否则“界壳”一词默认指代空间中的系统周界。

# 第5章

## 界壳结构和界壳要素

# 第5章

## 界壳结构和界壳要素

# 5.1　界壳结构

界壳是系统的周界，由界壁和界门构成。界壳要素包括开放度、交换率和卫护力度。

## 5.1.1　界壳结构示意图

通过分析城墙、羊栏等多种界壳案例可归纳得出：从结构上看，界壳 J 由界壁（Wall，W）和界门（Gate，G）或称通道（Passage，P）组成。界壁的功能是卫护系统本体，界门是界壳上实现系统与环境交换的部分，因此界壳的基本结构可划分为界壁和界门。界壳的基本功能包括卫护和交换，而交换由输入与输出构成。以下将系统形象化为界壳结构示意图。

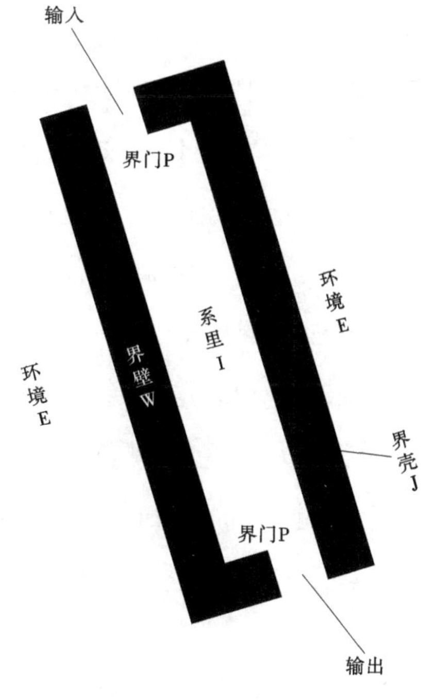


界壳结构示意图

在示意图中，系统 S 分为系里 I 和界壳 J 两部分。界壳位于系统外围，由界壁和界门组成。界壁具有“绝缘性”，不允许物质、能量和信息通过，承担系统卫护功能；界门负责交换功能，是环境与系统间的物质、能量、信息交换通道。图中展示了一种最简界门配置：仅包含两个界门，一端司职输入，另一端司职输出。需说明的是，实际界壳可能存在更多界门，其数量、规模和位置因系统类型而异，图中未完全呈现。

### 5.1.2 界壳套和界壳汇

#### 5.1.2.1 **界壳套**

界壳套是指多个界壳层层嵌套的结构，俄罗斯套娃便是界壳套的典型实例。老北京的城墙同样如此，大致可分为外城、内城、皇城、紫禁城四层，层层相套。人类穿衣也是一种界壳套现象：从内到外依次为内裤、衬裤、内衣、衬衣、毛衣、毛裤、夹克衫与裤子（或西装），最外层是风衣，这五重衣物构成了五层界壳套。

在生物结构中，人体的基本单元是细胞。细胞由细胞膜包裹，细胞核外有核膜，核仁外侧还有一层薄膜。细胞集群形成组织，如神经组织外有神经外膜。组织按特定规律构成器官，例如肾脏由纤维膜、脂肪囊、筋膜三层薄膜包围，起到保护和固定作用，这是自然形成的界壳套。

俄罗斯套娃和多层衣物属于多重单体套（或称链式界壳套）。另一种类型是大界壳内嵌套多个并列界壳，例如国家级部委下辖多个平行的司（局），每个司（局）下设多个处级单位，处级单位再下辖多个科室，这种结构可称为多重并列套（或称格式界壳套）。

在宏观世界中存在三重界壳系列：

(1) 宇宙系列：地球表面、太阳系边界、银河系边界、星团周界、宇宙边界。

（2）生命系列：细胞膜、器官膜、系统外膜、生物体表面。

（3）人类系列：个人、家庭、居民社区（或部族范围）、国界、国际组织。

认识界壳套不仅具有科学价值，还具备实际意义。从个体角度而言，任何人都处于多重界壳套的嵌套之中，而每个界壳上的界门（通道）往往狭窄有限。这意味着，完成一件事通常需要通过狭窄且漫长的通道，这一特性实际上解释了人类生存于世界的复杂性。反过来看，正是这些层层叠叠的界壳构成了防护体系，为个体提供了安全感。例如，职场人归属于特定单位，单位隶属于更高层级的部门……人类既生活在层层管辖的界壳套里，也在其中享受着层层卫护。

#### 5.1.2.2　界壳汇

若干界壳集聚并发生相互作用的现象，称为界壳汇。例如，火车站、公交站、长途汽车站三者汇聚，即构成一个界壳汇。在南方，若船运码头靠近火车站，则形成四重界壳汇。随着现代社会发展与科技进步，高速公路站和高速铁路站的出现，不仅为交通界壳汇增添了新成员，也使界壳汇的研究复杂性进一步提升。以铁路运输为例，当列车抵达火车站后，旅客需分流至公交站、长途汽车站或船运码头；反之，来自这些站点的旅客也需向火车站或其他站点分流。货运物流的情况亦然。由此产生的界壳汇人流与物流疏导问题，尤其是在高峰时段，已成为现代社会的普遍性难题。我国春运期间的运输压力即为典型案例，亟待科学研究。此外，我国推行的“三网合一”（互联网、电话网、电视网）亦涉及界壳汇理论，其中既包含标准化、信息传递等技术问题，也涵盖行政管理协调问题。

一列火车

界壳对是界壳汇的特殊形态，指仅有两个界壳集聚的情形，如战场上的交战双方、赛场上的两支球队、拳击台上的两个对手等。在此类场景中，各方一方面需卫护自身，另一方面需获取对方信息，以制定出击策略战胜对手。此时，界壳的两大功能——卫护与交换——同时存在且持续发挥作用。

界壳串是界壳汇的另一种类型，其特征为界壳之间首尾邻接、串联成链，类似珍珠项链的结构。界壳串中的各界壳既相互分隔又彼此连通，体现出“既卫护又交换”的特性。多节车厢连接而成的火车或高铁，便是界壳串的典型实例。

## 5.2 界壳要素、界门的量度与功能

界壳要素包括开放度、交换率和卫护力度。

### 5.2.1　开放度

设系统的周界为 $L$，其周长为 $l$，可将界壳开放度定义为

$$\rho = p/l \tag{5-1}$$

式中，$p$ 为通道总阈度。显然，开放度是结构性指标，对于不同的物质、能量和信息，开放度存在差异，即在性质和数量上均有显著不同。例如，古代城门虽限制人员和物资进出，但无法阻挡阳光，即作为生命必需的能量，城墙对阳光完全开放，即 $\rho = 1$。开放度虽是简单直观的结构要素，却能反映系统状态的复杂程度。

### 5.2.2　交换率

另一个重要的界壳要素是交换率，它是功能性指标，用于衡量能量、物质或信息通过界门的能力。例如，北京首都机场的空运量远高于拉萨机场，人类跑步时的空气交换量大于平静状态。交换率可定义为环境与系统中可交换量 $E_e$ 与通过界门实际交换量 $E_s$ 之比，即

$$\alpha = E_e/E_s \tag{5-2}$$

这一定义较为抽象，实际应用中需针对具体问题设计适配的交换率计算方式。交换包括输入和输出两部分，净交换量为输入与输出的差值。以国际贸易为例，一个国家或地区的进口与出口贸易体现了通过“界门”的输入与输出，而贸易差额则反映了该经济体的交换水平。

界门形式多样，包括显式与隐式两类。例如，国家口岸是公开的显式界门，而走私、偷渡等行为则通过秘密的隐式界门进行。

以人体呼吸为例，鼻孔是可见的显式界门，而汗毛孔则是隐式界门，二者在呼吸功能中的表现形式截然不同。

界门并非一成不变。例如，1949 年后的较长时期内，我国对外开放口岸仅 20 余个，改革开放后口岸数量迅速增加，至 20 世纪 90 年代已较过去翻了数倍，且单个口岸功能大幅扩展。这表明界门的数量与功能会随交换率的变化而演化。此外，生命体的进化过程（即结构复杂化的过程）也伴随界门数量增加与功能复杂化，为界门研究提供了典型案例。

### 5.2.3 卫护力度

界壳的两个基本功能要素是卫护和交换，以下着重对卫护展开进一步阐述。

卫护力度 $\delta$ 指界壳抵御外在攻击的能力，这种攻击既可能来自环境，也可能源自系统内部。不同界壳的卫护力度差异显著：一堵钢筋水泥墙的坚固程度远超土墙；我国古代城市除构筑城墙外，还在墙外挖掘护城河，使敌兵难以逾越，显著增强了防御能力；现代战争中，铁丝网和壕沟作为步兵防御工具，同样旨在提升卫护力度。

部分界壳的卫护力度较易测定，例如鸡蛋壳可通过力学试验直接测定抗力。然而，衡量一个国家的军事防御能力则复杂得多，需综合考虑军队规模、兵种构成、武器装备数量与性能、指挥系统效率等多重因素。针对不同界壳或研究问题，需结合具体领域的专业知识确定卫护力度。此外，界壳不同部位的卫护力度存在差异，战争或商战中常通过攻击薄弱环节突破防御，网络黑客的攻击策略亦是如此。界壳论旨在从理论层面研究此类问题，以优化界壳结构。

### 5. 2. 4　界壳支撑度

支撑界壳存续的结构要素称为界壳支撑。例如：蔬菜大棚依靠立柱扎入土壤抵御风雪；鸡蛋壳通过分子间作用力形成椭球形结构，凭借壳壁硬度维持形态；空中水滴依赖表面张力保持球形；社团或党派通过章程凝聚成员、规范行为。

在界壳理论中，通常以支撑度衡量界壳支撑的强弱。支撑度大的界壳抵御外部冲击的能力更强。例如，鸡蛋的支撑度大于蛇蛋，相同碰撞条件下蛇蛋更易破碎；鱼卵因表面仅覆一层膜，支撑度很小，极易破损。卫护力度与支撑度密切相关，一般而言，支撑度越大，卫护力度越强，反之亦然。可见，支撑度是影响卫护力度的重要因素。但二者关系复杂，需结合具体问题进行分析。

将“支撑”概念从物理结构拓展至抽象领域（如文化、制度），对人文科学研究具有重要意义。例如，可通过分析道德规范（支撑）对社会群体的凝聚作用，解读不同文明的存续能力差异。

### 5. 2. 5　界壳厚度

垂直于界壳表面方向的几何尺度称为界壳厚度。例如，地壳厚度在 5~75 km，平均约 35 km；城墙厚度差异显著，部分城墙顶部可通行人马，部分仅一砖之厚；房屋墙体厚度则取决于建筑结构与材料。界壳厚度由其结构和功能决定。人体皮肤作为界壳，若脂肪过厚（如肥胖症），不仅影响生理功能、诱发疾病，还可能对外观美感和心理健康产生负面影响。

### 5.2.6　界门开关速度

界门开关速度用于衡量界门开启与闭合的快慢，需与系统及环境的速度相匹配：慢速系统适配低速开关界门，高速系统则需高速开关界门，否则界门将失去应有作用。例如，现代化战争中，雷达与防空导弹系统的联动可快速拦截入侵敌机，而隐形飞机因无法被现有雷达网探测，导致防空系统失效。因此，高效的高速监视与反击系统是国家安全的重要保障。

### 5.2.7　界门顺利度

界门顺利度指物质、能量和信息（统称“物量”）通过界门的顺畅程度，通常以单个物量通过界门的耗时衡量。与之相关的概念是界门交换速率 $E_i$，指单位面积、单位时间内通过界门交换的物量。例如，工作效率低下的收费站常因车辆滞留形成长队，体现为顺利度低。交换率反映系统与环境通过所有界门进行物量交换的整体特征。例如，港口吞吐量（单位时间内货物进出量）可视为一种宏观交换率，体现港口界门的综合运作效率。根据定义，界门顺利度（$S_i$）与交换速率（$E_i$）呈正相关关系（$S_i \propto E_i$），即单位时间内界门完成的物量交换越多，物量通过速度越快，顺利度越高。这一关系为量化分析界门功能提供了数学依据，例如在交通规划中，可通过提升收费站设备效率（提高 $E_i$）缩短车辆通行时间（提升 $S_i$），从而优化系统与环境的交互效率。

## 5.3　界门量度指数

对于复杂性较高的系统，其界门的复杂程度也会相应较高，否则界门将无法满足系统与环境的交换需求。界门复杂性主要体现在界壳的界门数量及每个界门的功能多样性。例如，小型商店设一个出入口即可，而大型超级市场则需要多个出入口，且每个门的功能各异，有的供顾客进出，有的用于货物运输，有的专供超市工作人员通行。因此，需要定义一个指数来描述界门的复杂性。

设系统 $S$ 共有 $k$ 个界门，第 $K_i$ 个界门有 $m_i$ 种功能，则界门功能之和为

$$K_S = \sum_{i=1}^{k} m_i K_i \tag{5-3}$$

记参考系统为 $R$，其界门功能为 $K_R$，系统 $S$ 的界门量度指数定义为

$$I = \lg K_S / \lg K_R \tag{5-4}$$

取对数是为了数学运算的便利。参考系统的选取需根据研究对象确定，通常可选择同类系统中界门功能和最小的系统。对于一个开放系统，至少需要一个界门实现与环境的交换，且该界门至少具备两种功能（如单一量的输入和输出），此时界门功能和为 $K=1\times2=2$。因此，在比较某些系统时，选取 $K=2$ 的最简系统作为参考系统更为便捷，此时界门量度指数为

$$I = \lg K_S / \lg 2 \tag{5-5}$$

例如，某个国家有 10 个对外国通行的口岸，每个口岸具备检验货物出入、查验人员出入四种功能，则功能和为 $K_S=4\times10=40$，界门量度指数为

$$I=\log_2 40/\log_2 2=5.322 \tag{5-6}$$

相对界门量度指数定义为

$$R_I=I/L \tag{5-7}$$

式中，$L$ 为界壳面积。在比较同类系统的界门复杂性时，用 $R_I$ 作比较才有意义。

需要说明的是，在计算界门（通道）数目及其功能时，均存在一定的不确定性。

# 第6章

## 界壳论的一般原理和界壳行为

## 6.1　一般原理

根据对界壳现象的观察与分析，基于现有关于界壳现象的知识，归纳出以下四个描述性原理。

原理一：界壳存在性原理

任何真实系统必然构筑界壳以卫护自身生存，即界壳存在具有必然性。此处“真实”相对于“想象”而言，例如区间［0，1］是真实系统，而区间［-∞，+∞］属于想象系统。鸡蛋必有椭球形蛋壳，以维护孵养鸡雏所需的受精卵细胞；工作单位、住宅小区通常筑有围墙，以保障自身安全。

依据本原理推测，宇宙也必然存在界壳以确保其存续。宇宙大爆炸理论无法解释爆炸前的世界形态及本宇宙外是否存在其他宇宙；但按存在性原理推演，宇宙界壳之外应有另一世界。这一哲理性推测或许可通过平行宇宙理论得到印证。

原理二：界壳准封闭性原理

界壳会抵抗非必需的异物量（界外物质、能量、信息）进入，阻止壳内自物量（系统自身物质、能量、信息）随意逸出，即界壳具有准封闭性——以最小代价维护系统安全。

例如，家畜围栏既防止其他动物入侵，又阻止栏内家畜逃脱，仅留小门供进出；加入社团、党派需履行手续并通过审查，不符合章程者会被拒之门外，成员也不能随意脱离，必要时会被劝阻或禁止。日常用语“请随手关门”即蕴含准封闭性原理：房主希望房屋尽可能封闭以保障安全，仅在人员或物资进出时开门，其余时间保持关闭，从而维持准封闭状态。

原理三：界壳可通性原理

为实现系统与环境的交换，界壳必须设置界门或通道，即界壳具有可通性，这是界壳生存的必要条件。

任何国家边界虽为封闭状态，但必设海关以实现货物交换与人员往来；单位、小区围墙必设出入口，否则人员与物资无法通行。

根据原理三可推论，引力圈上应存在界门与通道，允许非引力量出入。这一推论看似奇特，至少与当前“引力无处不达”的概念相悖。此处“可通性”是哲理性概念，内涵广泛，远超拓扑学、图论中的“连通性”定义。例如，纽约与上海可通过空中航线连通，水路需绕行太平洋、大西洋，而陆路在人类发明航海、航空技术前并无通道，即两地在几千年文明史中因缺乏陆上通道而不可通。

原理四：卫护优先原理（卫护第一，交换第二）

界壳维护自身生存必须优先保障安全，再考虑与外界交换以获取必需的能量、物质和信息。

“欧洲是欧洲人的欧洲”这一口号即体现该原理——优先考虑欧洲人自身利益，再谈对非欧洲人的考量。中国古代城墙通常仅开四扇城门供通行，许多动物仅保留进食与排泄通道，均出于安全优先的设计。小猫遇到大狗时优先选择逃跑，这是卫护生存的本能反应；独裁帝国往往控制对外交流，尽可能减少与外界的物质和信息交换，以防止政权崩塌。

经济学中有一条“损失厌恶”规律，指的是人们即使明知做某事能获得巨大利益，但如果需要损失眼前的小利，往往也不会采取行动。这是因为人们会优先维护已占有的事物，而将需要通过“交换”过程才能获得的大利置于次要考虑。这种避免损失的心理机制，会使人本能地抵制风险，保护自身拥有的资源。

## 6.2　界壳行为

要研究界壳运动，必须了解界壳变化的方式，即界壳行为。界壳作为系统的一部分，随系统的变化而变化，随系统的运动而运动。在界壳的变化与运动中，会表现出多种行为，其根本目的在于卫护系统的生存。界壳行为丰富多样，以下列举若干具有共性的类型（部分界壳行为如某些动物行为，因特性奇特难以归类）：

（1）阻挡：属于被动行为，当外来物试图进入系统时，界壁通过关闭界门实施阻挡。例如古代作战时，守方高挂免战牌、紧闭城门拒敌，即为此类行为。

古代的免战牌

（2）攻击：主动行为，一种以

攻为守的策略。如士兵在城头上射箭击退敌军以保卫城池，又如美洲电鳗可发射高达600 V电压的电流攻击入侵者。

（3）开关：界门的重要行为，按需控制界门启闭。许多部门大门、传达室按固定时间开关；动物饥饿时张嘴进食，否则闭嘴拒食；某些国家或地区为维护自身需求屏蔽部分互联网通道和网站，也属于系统维生的开关行为。

（4）变动界门：因系统维生需求，增减界门数量或改变界门位置。例如火灾发生时，紧急开放已关闭的通道、砸破玻璃窗或墙体以增加新通道。

（5）增减交换量：调整通道的交换能力。繁忙海关在通关人数多时增加通道，反之减少通道，以保障人员快速通行；狗在夏季为散热保持张嘴状态，以平衡体温。

（6）雷达型行为：针对信息交换，系统发射声波、无线电波等，接收目标物反射回波以获取信息。如蝙蝠每秒向空间发射10~20个信号（每个信号约含50个声波振荡，频率从90 000 Hz/s降至45 000 Hz/s），其探测能力极强，能区分体积相同的天鹅绒、砂纸和胶合板。

（7）隐蔽：界壳表面通过特殊构造使敌方或捕食者无法察觉。如隐形飞机机身涂料可吸收雷达波，避免反射回波；动物利用保护色融入环境，躲避捕食者搜索。

（8）扩散或渗透：均由物质或能量梯度引发。物质从系里通过界壳向环境或反向运动，通常扩散指固体颗粒或动量的移动，渗透指液体分子（如水、油）通过界门的运动。

（9）吞噬和外排：界壳可通过结构与功能的改变，将异物包围后经界门送入系统内或排出系统外。以细胞膜为例，当大分子物质接近时，若被细胞膜识别，接触部位的膜会发生结构与功能改变，即膜内陷或伸出伪足包裹大分子，随后与细胞膜融合断裂，使异物进入细胞内。2016 年，诺贝尔生理学–医学奖授予日本科学家大隅良典，因其“发现细胞自噬机理”。细胞自噬是真核生物体内重要的物质周转过程：受损的蛋白质或细胞器被双层膜结构的自噬小泡包裹后，运送至溶酶体或液泡中降解并实现循环利用，这一过程本质上是细胞内的自我吞噬行为。

（10）扩张和收缩：界壳随系统生长、衰老或其他需求发生体积变化。例如，动植物发育生长时表皮增大，衰老或枯萎时表皮收缩；人类历史中，帝国兴盛时领土扩张，衰落时领土收缩。

（11）更换：界壳随系统发展更新自身，形成与系里相适应的新界壳。例如蛇蜕皮、小孩因身材增长更换合身衣物，均属于界壳更换行为。

蛇蜕皮

界壳论之门

# 第7章

# 界壳的数学描述

界壳是系统的周界，是系统的一部分。系统通常可以用微分方程描述，因此很自然，界壳也可以用微分方程来描述。针对界壳的物理特性，我们提出了离散性的量化描述，它开创了界壳论定量应用的关键途径。

## 7.1　微分方程描述

界壳可视为一个对系统进行控制的特殊控制器，但这一控制器与一般控制器不同。它必须具备卫护所包围系统的功能，并且在结构上处于系统的周界位置。开放度和交换率是系统的控制变量，同时，二者又受到系统状态的制约，界壳卫护力度也与系统状态紧密相关。基于这样的互馈考量，即可建立界壳动态方程。具体而言，就是把界壳开放度和交换率视为与系统发生交互作用的控制量，由此推导出表示系统状态和界壳要素变化的方程组。

若将此动态方程用到人口-移民问题和科技进步领域，则可得到颇有意义的研究结果。

以人口-移民问题为例，一个国家的移民活动通常由政府控制，移民规模的大小取决于移入率 $I_{in}$ 和移出率 $I_{ex}$ 。一个国家和地区的人口变化与移民控制是典型的界壳论问题，我们简单地用 $\alpha$ 作为移民的交换率，其计算公式为

$$\alpha = (I_{in} + I_{ex})/2 \tag{7-1}$$

一般来说，人口数量通常呈现增长或减少的趋势，因此可以用指数律来表示人口 $x$ 的动态变化。假设开放度是恒定值，且不在方程中显式体现，这样的人口-移民模型可表示为

$$\mathrm{d}x/\mathrm{d}t = kx + I_{in} - I_{ex} \tag{7-2}$$

式中，$k$ 为系数。

显然，这一系统受到交换率 $\alpha$ 的制约。

## 7.2 界壳量化

系统周界在数学上既可以连续表达，也可以离散表达。本节主要探讨界壳的离散表达。通过对界元赋予一个表征函数来量化界壳，这样，我们就可以对界壳进行比较、评价、优化乃至预报。界扉集并非传统集合，它是针对界壳问题发展而来的，是界壳量化的理论基础。

界壳的基本功能是卫护系统（或称防卫系统安全），以及实现系统内外的交换。设论域 $U$，定义在 $U$ 上的界壳集合 $A$，每个界壳集元素 $u \in U$ 具有一对属性：卫护和交换，记卫护度为 $\mu$，交换度为 $\nu$，表示为 $(\mu, \nu) \mid u$，则满足：

$$\mu, \nu \in [0, 1], \mu + \nu \leqslant 1 \tag{7-3}$$

式中，规定 $\mu$、$\nu$ 在 0~1 取值。

另外，考虑到界壳的卫护作用和交换作用在同一个界壳集元素中呈现此消彼长的关系，故限定 $\mu + \nu \leqslant 1$。由式（7-3）定义的集合称为界扉集。需要注意的是，这里的交换度是针对某一界壳集元素（简称界元）而言的，而 5.2 节中的交换率是针对整个界壳或整个界门而言的。当把整个界门视为一个界元时，该界门的交换率显然等于其交换度。

需要说明的是，我们对每个界元都赋予了双量化值（即一对值），这与其他集合论的处理方法有所不同。例如，在经典集中，仅用特征量 0，1 表示元素属性；在模糊集中，元素仅有一个隶属度值。这里的一对值是由界壳特性决定的，是界壳论中定量化表示的一个特色。界扉集是界壳量化的数学基础。

我们把某界元的卫护和交换功能之和达到 1 视为满负荷，而与 1 的差值称为该界元的欠荷度 $\zeta$，计算公式为

$$\zeta = 1 - \mu - \nu \tag{7-4}$$

一旦定义了 $\mu$、$\nu$，就可以演译出界壳的种种数学特征。在下一节中，我们将给出一个具体的应用实例。

## 7.3　界壳总体特征量

界壳的卫护度总和为

$$d = \sum_i \mu_i \tag{7-5}$$

界壳的交换度总和为

$$e = \sum_i \nu_i \tag{7-6}$$

据此可构造界壳集 $A$ 的保安度：

$$k = 1/2 + (d^* - \lambda e^*)/2,\ k \in [0,\ 1] \tag{7-7}$$

式中：

$$d^* = d/(d + e),\ e^* = e/(d + e),\ d^* + e^* = 1,\ \lambda \in [0,\ 1] \tag{7-8}$$

其中，$\lambda$ 为与环境 $E$、系统 $I$、卫护度 $\mu$、交换度 $\nu$ 有关的参数。保安度扣除交换度影响后的界壳卫护能力，也是兼顾卫护和交换功能的综合测度。仿照中医理论和中国传统哲学概念，推广认为：卫护是任一系统的正阳或实量，交换是任一系统的负阴或虚量；阴阳此消彼长，共同维持界壳功能的平衡，保障系统的生存。

当取 $\lambda=1$ 时：

若 $d^*=0$ 且 $e^*=1$，则 $k=0$；

若 $d^*=1$ 且 $e^*=0$，则 $k=1$；

若 $d^*=e^*$，则 $k=0.5$。

可定义界壳集 $A$ 的维生度 $\varphi$：

$$\varphi=\frac{1}{1+\left[\frac{d^*}{\lambda e^*}\right]^q},\ e^*\neq 0 \tag{7-9}$$

式中，$q$ 为参数，取正整数。维生度是一个相对交换度，即交换度相较于卫护度的比值。

当 $\lambda=1$、$q=2$ 时：

若 $d^*=0$ 且 $e^*=1$，则 $\varphi=1$；

若 $d^*=e^*$，则 $\varphi=1/2$。

若 $d^*\to\infty$ 或 $e^*\to 0$，则 $\varphi\to 0$。

这说明：当卫护能力过强或交换能力过弱时，系统皆无法存活。

我们常讨论的教育就可定义为学习和获取信息的过程。它是一个信息传送系统，其中老师起着输出信息的作用，而学生则是输入信息的主体。因此，我们也可以把这一系统视为一个信息界壳，并运用界壳量化方法来研究教育中的种种问题。若把学校中的一个班级视为一个准封闭的界壳，我们可推广卫护和交换概念，分别将其定义为正量和负量，这样就可以把界壳量化应用到考试评分中。

设一个班有 $n$ 个学生，其考试成绩分别为 $x_i$（$i=1, 2, \cdots,$

$n$）。计算每人分数与及格分 60 分（记为 $p$）的差，即

$$y_i = x_i - p \quad (i = 1, 2, \cdots, n)$$

统计大于等于及格分（即 $y_i \geqslant 0$）的人数，记为 $n_1$；统计小于及格分（即 $y_i<0$）的人数，记为 $n_2$，显然 $n_1+n_2=n$。

重新列出 $y_i \geqslant 0$ 的学生的成绩，记为 $y_{i1}$（$i=1, 2, \cdots, n_1$），同样列出 $y_i<0$ 的学生的成绩，记为 $y_{i2}$（$i=1, 2, \cdots, n_2$）。然后，分别计算总和：

$$S_1 = \sum_{i=1}^{n_1} y_{i1}$$

$$S_2 = \sum_{i=1}^{n_2} |y_{i2}|$$

注意：此处 $S_2$ 取绝对值求和，避免负分直接相加导致逻辑矛盾。

两者之和为

$$S = S_1 + S_2$$

对 $S_1$、$S_2$ 进行归一化：

$$U_{\mathrm{f}} = S_1/S$$

$$V_{\mathrm{f}} = S_2/S$$

类似地：

$$U_{\mathrm{r}} = n_1/n$$

$$V_{\mathrm{r}} = n_2/n$$

牛瑾琦等根据某班的考试成绩，运用上述公式进行了计算，其结果见表 7-1。表中统计了语文、数学、英语、物理和化学五门功课的成绩。

表 7-1　归一化的各科考试成绩

| 项目 | | 语文 $U_r/U_f$ | 数学 $U_r/U_f$ | 英语 $U_r/U_f$ | 物理 $U_r/U_f$ | 化学 $U_r/U_f$ |
|---|---|---|---|---|---|---|
| 第一次考试 | $y_i \geqslant 0$ | 0.78/0.86 | 0.72/0.78 | 0.70/0.58 | 0.20/0.08 | 0.20/0.12 |
| | $y_i < 0$ | 0.22/0.14 | 0.28/0.22 | 0.30/0.42 | 0.80/0.92 | 0.80/0.88 |
| 第二次考试 | $y_i \geqslant 0$ | 0.98/1.00 | 0.94/0.97 | 0.64/0.68 | 0.42/0.36 | 0.80/0.88 |
| | $y_i < 0$ | 0.02/0 | 0.06/0.03 | 0.36/0.31 | 0.58/0.64 | 0.20/0.12 |

对比两次考试可见，语文成绩提升显著，而英语成绩提升幅度较小。若要总体评估两次考试，就需要应用界壳量化方法来进行。参考教育领域术语，将保安度定义为正及格量 $k$，计算分式为

$$k = 1/2 + (d^* - \lambda e^*)/2$$

对第一次考试：

及格组总正量：

$$d_1 = \sum U_i = 0.78 + 0.86 + 0.72 + 0.78 + 0.70 + 0.58 + 0.20 + 0.08 + 0.20 + 0.12 = 5.02(y_i \geqslant 0)$$

不及格组总负量：

$$e_1 = \sum V_i = 0.22 + 0.14 + 0.28 + 0.22 + 0.30 + 0.42 + 0.80 + 0.92 + 0.80 + 0.88 = 4.98(y_i < 0)$$

归一化处理：

$$d_1^* = d_1/(d_1 + e_1) = 5.02/(5.02 + 4.98) = 0.502$$

$$e_1^* = e_1/(d_1 + e_1) = 4.98/(5.02 + 4.98) = 0.498$$

设 $\lambda = 1$，则正及格量：

$$k_1 = 1/2 + (0.502 - 0.498)/2 = 0.502$$

类似地，定义维生度为负及格比 $\varphi$，计算公式为

$$\varphi = \frac{1}{1 + \left[\frac{d^*}{\lambda e^*}\right]^q}$$

取 $\lambda = 1$，$q = 2$，代入第一次考试数据：

$$\varphi_1 = 1/[1 + (0.502/0.498)^2] = 0.496$$

对第二次考试，作类似计算得：

归一化值：$d_2^* = 0.768$，$e_2^* = 0.232$

正及格量与负及格比分别为：$k_2 = 0.768$，$\varphi_2 = 0.0836$

综上，对比两次考试，第二次考试的正及格量（0.768）显著高于第一次考试的正及格量（0.502），表明整体及格水平提升；负及格比从 0.496 骤降至 0.083 6，反映出不及格人数和分数占比大幅减少。可以看出，维生度作为敏感指标，直观体现了考试成绩分布的优化趋势，验证了界壳量化方法在教育评估中的有效性。

## 7.4　界扉熵

### 7.4.1　界扉熵表达式

界扉熵是界扉集的表征函数，用于表征系统特性数据的统观信息，其应用场景涵盖多个学科和研究领域。本文以气候变化研究为例，将界扉熵应用于长江中下游地区汛期降水和蒸发数据的分析，通过计算相关界扉熵并探讨其特征，揭示了该理论的应用潜力。

根据界壳论中卫护与交换的特性，可将卫护概念拓展为正量（阳量），交换概念拓展为负量（阴量），并分别对阳量、阴量计算界扉熵。界扉熵 $H$ 的表达式为

$$H(x)=-\frac{1}{\ln n}\sum_{i=1}^{n}x_i\ln x_i \tag{7-10}$$

式中，$x\in[0,1]$ 为阳量或阴量的数值，$n$ 为界扉集元素的个数。界扉熵通过信息论视角综合 $n$ 个界扉集元素的特征，本质上是对系统特性数据的统观信息的量化表达。

### 7.4.2 降水、蒸发界扉熵计算

#### 7.4.2.1 **数据规格化**

采用长江中下游地区 160 个气象站 1950—2014 年的观测数据（时间跨度 $m=65$ 年），若将每个气象站视为一个界元，则界元总数 $n=160$。在计算中，将降水视为正量（对应 $\mu$），蒸发（蒸发皿数据）视为负量（对应 $\nu$）；若涉及温度数据，则温度正距平视为正量，负距平视为负量。

具体而言，设定降水值为 $\mu$、蒸发值为 $\nu$，即把长江中下游地区汛期降水定义为正量，蒸发定义为负量。对于长度为 $m$ 的资料序列，可通过以下标准化公式（7-11）进行［0，1］化处理。

用极差规格化把量测数据变换为量化值，即

$$Z_{\text{标准化}}=\frac{Z_i-Z_{\min}}{Z_{\max}-Z_{\min}} \tag{7-11}$$

式中，$Z_{\min}$ 为量测数据序列 $Z_i$（$i=1, 2, \cdots, m$）中的最小值，$Z_{\max}$ 为序列 $Z_i$ 中的最大值；$m$ 为数据序列长度。

#### 7.4.2.2　计算公式

设有 $n$ 界元（站点），由式（7-11）可得到标准化值。

设 $\mu_i \equiv z_i$（正量），$\nu_i \equiv z_i$（负量），由此可得两组数据序列：$\mu_1$，$\mu_2$，…，$\mu_n$ 和 $\nu_1$，$\nu_2$，…，$\nu_n$。

界扉阳熵计算公式为

$$H(\mu) = -\frac{1}{\ln n}\sum_{i=1}^{n}\mu_i \ln \mu_i \tag{7-12}$$

界扉阴熵计算公式为

$$H(\nu) = -\frac{1}{\ln n}\sum_{i=1}^{n}\nu_i \ln \nu_i \tag{7-13}$$

界扉总体熵计算公式为

$$H_T = H(\mu) + \omega H(\nu) \tag{7-14}$$

式中，$\omega$ 为权重，可依据物理意义和专业知识给定。

#### 7.4.2.3　计算结果

作为界扉熵的应用实例，周杰等对长江中下游地区汛期降水和蒸发的界扉熵展开计算。研究中将降水与蒸发视为一组对偶关系：降水会使地表水量增加，蒸发则会使地表水量减少，但蒸发作用增强会使空中水汽增多，进而增加可降水量，二者呈现出相辅相消的特性。由于降水是朝向地表的过程，故将其视为阳量；蒸发是离开地表的过程，因此视为阴量。

气候系统属于非线性热力–动力系统，包含大气、海洋、陆面、生物圈和冰雪圈五个子系统。对其进行观测后，各要素量可构成一个大数据系统，因而需要运用信息技术对其进行处理、分析并用于预报。研究气候变化需同时考虑物理–化学问题和信息问题，而运用界扉熵研究气候，显然应侧重信息层面的考量。

针对降水和蒸发，分别采用式（7-12）和式（7-13）计算得出降水阳熵和蒸发阴熵；取权重 $\omega=-1$，通过式（7-14）计算总体熵。长江中下游地区汛期降水及其界扉熵图显示，降水作为物理量，界扉熵作为信息量，二者的变化存在差异，且趋势恰好相反，这表明界扉熵的计算为分析和预测提供了新依据。降水和蒸发总体熵与温度逐年变化图呈现了 1979—2016 年期间降水和蒸发的总体熵及长江中下游地区汛期温度的变化情况，有趣的是，二

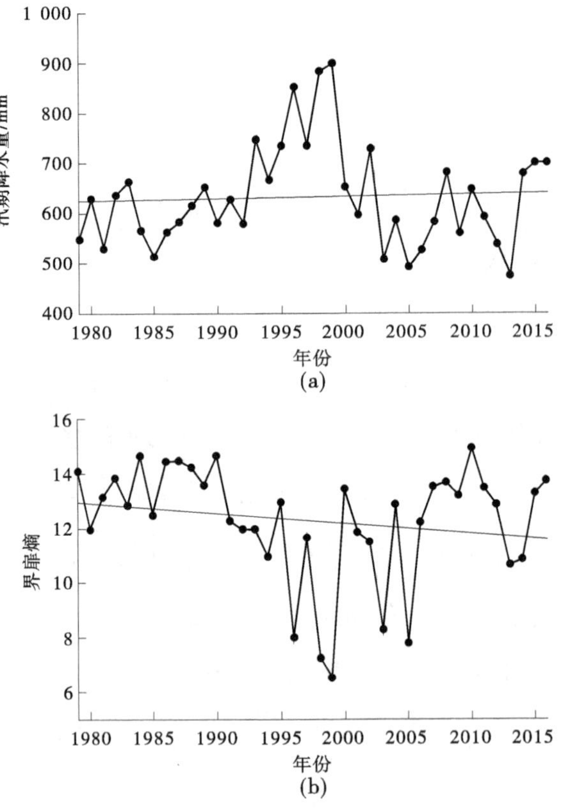


长江中下游地区汛期降水及其界扉熵图

者趋势同样相反。这表明随着全球变暖，长江中下游地区温度持续上升，该地区的降水和蒸发也随之变化，但其界扉总体熵却呈下降趋势。通常气候变化研究针对的是温度、降水等物理量，而界扉熵的引入使人们能够从气候系统提供的信息角度进行考察，例如通过建立界扉熵与温度关系的数学模型，对温度的未来变化进行预测。

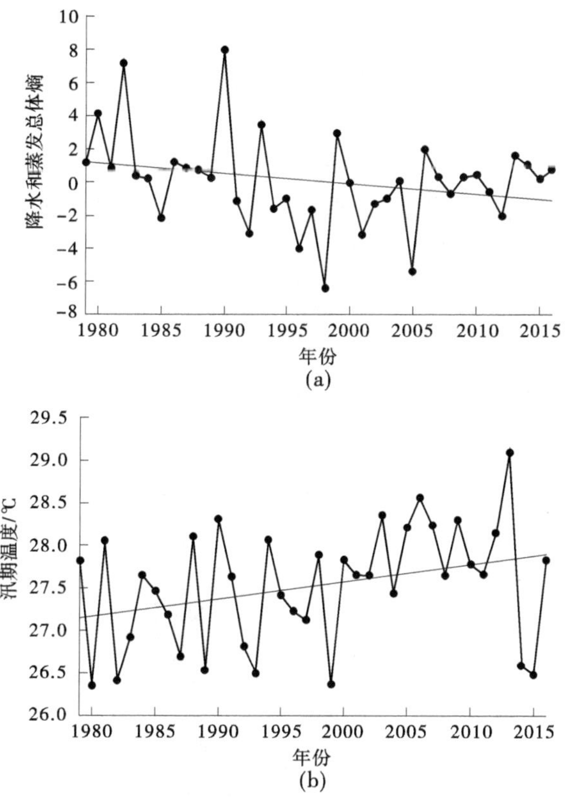


降水和蒸发总体熵和温度逐年变化

# 第8章

# 界壳论在科学技术中的应用

界壳论无疑可以应用到许多科学领域。但正如《控制论》作者维纳所言，每个学科分支都有它独有的术语、理论和方法，也即构成了自己的界壳，外行人难以涉猎。因此，不同学科的学者应在熟悉界壳论之后再来应用，才能轻车熟路，并得到有学术价值的成果。这里选择几个在科学技术中应用的实例来说明，如在生物、医学、气象、水资源、安全等领域的应用。

# 8.1　生物和医学

界壳论在生物领域中具有广泛的应用价值。从宏观视角来看，每种生物（无论个体还是群体）都需要卫护自身，安全是其首要需求。同时，为维持生存，生物需要从环境中获取物质、能量和信息，即与外界环境进行必要的交换。由此可见，卫护与交换是每种生物存活的基本手段。

## 8.1.1　界门与生物进化

细胞是生物体结构和功能的基本单位，体形极微且形状多样。细胞主要由细胞核与细胞质构成，表面覆盖着细胞膜，此处细胞膜起着界壳作用。事实上，原始生命向细胞进化过程中获得的重要形态特征之一，便是生命物质外出现一层膜性结构，即“细胞膜”。细胞膜是防止细胞外物质自由进入细胞的屏障，它确保细胞内环境的相对稳定，使各种生化反应得以有序进行。同时，细胞必须与周围环境进行物质、能量的交换，才能完成特定生理功能，因此细胞必须具备一套物质转运体系，用于获取所需物质并排出代谢废物。细胞膜通过胞饮作用、吞噬作用或胞吐作用，实现对细胞膜内外物质的吸收、消化和外排。细胞的信息、物质及能量交换，均通过细胞膜上的离子通道进行。无论从结构还是功能来看，细胞膜都是自然界天生的界壳范本。

从动物进化角度来看，愈是高等的生命，其与环境的通道愈多，界门的功能分工也愈精细。以水螅为例，这类腔肠动物只有口腔而无肛门，口与肛门合二为一，食物从原口进入腔肠消化，废物仍由原口排出，即进食与排便通过同一器官完成。

随着动物的进化，通向外界环境的通道逐渐增多。如扁虫，其消化道虽与腔肠动物类似仍无肛门，但已演化出排泄器。事实上，动物进化至扁虫时，口与肛门才开始分离——身体前端腹面有口，口上方有孔称为吻孔，而由肌肉构成的管状突出物则称为吻管，吻管是其捕捉食物和抵御天敌的器官。由此可见，直到爬虫类以下的动物，肛门和生殖孔道仍合二为一。

动物从细胞水平分化到组织水平，再进一步分化到器官水平，身体各系统逐渐完善。首先是消化系统，其对外的界门包括口、肛门和尿道；接着是排泄系统，此时液体和固体排泄物开始从不同通道排出。随后，循环系统和呼吸系统逐步发展，呼吸系统的对外通道在水生动物中为鳃，随着地质与气候的变迁，水生动物向陆生动物演化，陆生动物的呼吸通道则演化为鼻腔。生殖系统的完善使动物在繁殖后代时更能适应各种不利环境条件，从而为物种保存奠定了生理基础。值得注意的是，即使是哺乳动物乃至人类这样的高级生命，生殖和排泄的通道至今仍未完全分离。

在信息系统方面，舌负责味觉，鼻孔兼具呼吸和嗅觉功能，双耳负责听觉和平衡感知，双眼负责视觉，皮肤负责触觉和排汗，这些都是人体为获取信息而存在的通道。不过，鱼类仅有内耳，没有与外界直接相通的耳道。由于鱼生活在水中，声波在水中传播时能引起较大振动，可透过表皮将声音传导至内耳，这意味着鱼少了一个直接通向环境的通道。

原生动物没有眼睛，以蚯蚓为例，其皮肤分布着大量感光细胞，这些细胞是原始的视觉器官。尽管没有眼睛，蚯蚓却能感知到人难以察觉的光线。文昌鱼的大脑承担着视觉器官的功能，它的身体呈透明状，感光细胞分布在神经干上，借此分辨光明与黑暗。脊椎动物的身体不透明，感光神经细胞因此被迫从大脑向外部迁移。最终，这种迁移达到了这样的程度：在胚胎发育阶段，有两块组织从大脑分离出来，感光细胞逐渐进化，其外部形成一层透明遮盖物和含有色素细胞的膜，以避免光线从不同方向射入眼区。感光部位逐渐凹陷，甚至形成囊状结构，最终演化成眼睛，成为动物与环境联系的光学通道。

动物也常发出或接收其他信号，如光信号（萤火虫发光）、声波信号（知了鸣叫、蝙蝠发射超声波以定向并判定猎物）等，这些都是动物的信息通道。

人体与外界沟通的途径主要包括呼吸、消化、排泄、皮肤接触以及感官系统（如眼、鼻、耳、口、皮肤等），均为与外界沟通的通道。尤其是皮肤触觉，这点与其他哺乳动物差异显著——后者体表多被覆毛发，导致皮肤触觉较为迟钝；人类无毛，使得皮肤不仅对触觉敏感，对温度、机械、电刺激也十分敏感。正是这种皮肤感受到的刺激，使人与环境之间的感知比其他动物更丰富，为人脑提供了更多学习和认识自然、社会的机会。这种刺激促使大脑变得聪慧，反过来，人脑的健全又推动人类信息系统进一步进化，更趋完善。

从以上叙述中可得出以下结论：随着生物进化，生命体与外界的通道（界门）在数目上逐渐增多，在功能上趋向多样化，在行为上日益复杂化，即从仅具备消化功能的单通道（口腔），向兼具食物摄取、生殖、信息获取等多功能的多通道方向发展。

### 8.1.2 中　医

医学现已发展成为一个庞大的知识体系，包含许多医学分支，显然非个人所能全面涉猎。此处仅列举几个界壳论可能应用的例子加以说明。

近代医学的发展与医学技术通道的革新紧密相关。西医最早通过肌内注射将药物输入体内，后来发展到静脉输液；过去人们只能通过口腔进食，如今可通过插管输入营养液；女子分娩原本需经阴道，现在则可通过剖宫产完成。尽管耳、鼻、眼目前是信息通道，未来或许能发明直接向大脑输入信息的医疗器械，为治疗脑病提供新手段。

中医是指中国人民创造的传统医学，是研究人体生理、病理以及疾病诊断和防治的学科。它承载着中国古代人民与疾病斗争的经验和理论知识，是通过长期医疗实践逐步形成并发展的医学理论体系。中医学以阴阳五行作为理论基础，将人体视为气、形、神的统一体，通过“望闻问切”四诊合参的方法，遵循辨证论治原则，对疾病进行诊断与治疗。

传统中医学的思维模式与源于欧洲的现代医学存在显著差异，难以在理论层面直接融合。中药以自然界的动植物、矿物为原料，这与西医主要使用化学制剂或生物提炼剂不同。形象地说，中医与西医宛如在不同轨道上行驶的列车。甚至直至今日，仍存在关于中医学是否属于科学、中医药是否有效的质疑。然而，2019 年 12 月爆发的全球性新冠疫情证明，中医药在抗击新冠肺炎过程中具有独特优势，从密切接触人群的防控到轻、普通型及重、危重型患者的治疗，中医药全程参与并发挥作用，这一历史事实充分彰显了中医治病的有效性及其生命力。

中医医学从《黄帝内经》传承至今，已有 2 000 余年历史。但与西医的发展进程相比，其发展速度相对缓慢。探究背后原因，除了古代科学技术相对落后外，从界壳论视角分析，中医的阴阳五行学说与现代科学的发展方向存在差异，在一定程度上限制了中医发展的"界门"。中医理论的优势十分明确，即注重对人体的系统性考量，始终贯穿整体性的哲理思维。在疾病诊断方面，中医强调整体性、轮廓性，始终从宏观视角和知觉经验出发，凭借传承与临床经验做出相对综合的判断。当然，也正是由于这种整体宏观性，中医存在明显的局限性——将病理和药理研究停留在宏观层面，难以深入开展微观研究，这使得初学者难以快速掌握精髓，形成了较高的学习门槛，需要长期实践才能有所建树。若运用界壳论审视中医理论体系，会发现其在很长一段时间内形成了一道近乎封闭的"围墙"，即构建了一个相对封闭的界壳。由于中医与现代技术的交叉融合有限，再加上其理论深奥、学习难度大，使其很少能与其他学科进行有效交流。因此，传统中医理论从诞生之初便隐含了自身的局限性：重整体、轻局部，缺乏对局部细节的深入透彻分析，使得相关研究难以进一步深入，这也是数千年来传统中医发展进步较为缓慢的重要原因。

从现代科学视角来看，中药及其方剂最具发掘价值。在医药水平与生物技术高度发达的当下，我们可以设想：先从单味中药中提取有效成分，即中药房不再存放原始中药材，而是存放诸如当归等中药的提取物（当归可能含有多种成分，需筛选出具有药效的成分）。接着，按照中医师的处方，将所有中药的有效成分组合，制成“成分式中药”供病人服用。显然，这种成分式处方与传统按“君臣佐使”原则配伍的方剂会有所不同，因此需要依靠专门机构的研究和临床实践来形成新的成分式处方。这一做法无疑将推动中医药实现重大发展，甚至是脱胎换骨的变革。换言之，这是中医向现代医学、现代生物技术敞开“界门”，通过汲取外部新技术促进自身快速发展的过程。值得庆幸的是，党和国家正积极推进中医药的传承创新发展，借助现代科技手段，从生物化学、分子生物学等领域深入研究和阐释证候本质、中药及方剂治疗疾病的作用机制。

### 8.1.3 精神疾病

维纳曾提出一种造成精神病的可能机制，即信息超负荷。例如，亲人突然死亡可能导致脑中信息通道堵塞，进而引发突发性精神错乱。根据界壳论，除大脑中信息传送不畅外，还可能因为信息界壳上的“门”被封闭或开启过小，导致内外信息无法有效交流。也就是说，他人的语言和行为难以传入患者脑中，患者的病理性记忆和思维也难以输出到外界，在脑中长期滞留或形成恶性循环。从数学角度表示，即存在一个极限开放度 $\rho_c$，当 $\rho<\rho_c$ 时，系统会处于“病态”。例如，汉代的夜郎国因闭塞自守，产生了病态的“自大”心理。

孤独是现代社会中普遍存在的问题。一个人独居一室或一套房，主要通过手机、电话或电脑网络与人联络。即便在视频中能看到他人，也只是图像而非真人。因此，一旦停止与人联络，静下来时便容易产生孤独感。在现代城市中，疏离与孤独感无处不在，为缓解孤独，人们常饲养猫、狗等宠物。

从界壳论角度解释，人的心理承受能力是有限的，即精神卫护能力有一定阈值。当心理承受的压力过大，超过这一阈值时，就容易出现精神崩溃。精神压力可能源于社会、家庭等外部因素，也可能由自身内在因素引发。

自闭症被归类为神经系统失调导致的发育障碍，其特征包括异常的社交能力、兴趣及行为模式，属于以严重沟通技能损害和刻板行为为特征的广泛性发展障碍。自闭症可能与先天基因有关，但更多可能与患者同周围人接触较少有关，这会形成一种恶性循环：与人接触少易导致孤独，而孤独感越强则越不愿与人接触，最终可能发展为自闭症。实际上，这是一类与界壳信息交换量相关的疾病。

从生物学角度而言，人是集群动物，只有生活在群体中，才会产生安全感与快乐感。孤独症的产生，实际上是因为人与人之间缺乏原生态的交流，即缺少面对面的接触、聊天与关怀。当下人们的交流大多是间接的，很多通过电子媒体完成，长此以往，孤独感便会油然而生。

可见，生活在社会中的人，一方面需要守护精神不受侵害，另一方面需与周围环境进行信息交换，通过扩大开放度、增大交换率来缓解精神压力。一旦发现自己有孤独倾向，就应清醒地认识到，将自己禁锢在孤身独处的状态中，只能收获孤独而非快乐。此时，应勇敢打开心灵的门窗，走出个人小天地，积极参与社交活动。尽管治疗孤独症的方法多样（包括心理学、药物学等手段），但最重要的仍是打破自我封闭，尽可能与家人、朋友、同事、同学进行面对面交流，让自己始终保持健康向上的心理状态。例如，饲养宠物狗并多带其到公共场所，通过宠物与他人增加交流；又如加入文艺或体育俱乐部，积极参与活动，与志同道合者交换意见、交流想法。由此可见，界壳论为防治孤独症提供了理论依据。

基于界壳论原理，对精神病患者的治疗可尝试让其多接触外界，为其创造更多与他人进行思想交流的机会。这不仅能增加“界门”数量、提升信息交换能力、减轻患者心理压力，还能让病人保持心情舒畅，缓解内在压力，从而助力治疗。

## 8.2 自然界的螺旋结构

在自然界中，无论是天文、气象还是海洋领域，均会出现螺旋形涡旋；在物理、化学和生物领域，也存在螺旋结构，这类结构是系统在特定环境下通过内部自组织形成的。以台风云为例，其呈螺旋形态，外环境借助螺旋结构将热量、动量输入台风，使其形成强烈旋转的涡旋，最终引发疾风暴雨。通常台风中间存在外眼壁和内眼壁两层眼壁。外眼壁可见螺旋状结构，内眼壁则由云层构成封闭圆形结构，其内部是风平浪静、可见丽日的平稳区域，不再有周围水平方向的动量或能量输入，台风眼主要依靠眼壁的上升气流及眼内的下沉气流维持。观测表明，热带扰动能否形成台风，关键在于“眼”的形成。大多数热带扰动因无法形成眼，故难以达到强烈风暴的强度。由此可见，界壳效应在台风形成过程中起着重要作用。

在天文学领域，螺旋星系（Spiral Galaxy）由大量气体、尘埃及又热又亮的恒星组成，具有较大角动量，中心为核球结构，外围被星系盘环绕。螺旋星系属于具有漩涡结构的河外星系，在哈勃星系分类中通常用 S 表示。其螺旋形状最早于 1845 年观测猎犬座星系 M51 时被发现，可分为正常漩涡星系和棒旋星系两类。螺旋星系的名称源于核球向外延伸出的对数螺旋结构（位于星系盘内，且螺旋臂上有恒星形成的明亮区域），其中心区域呈透镜状，周围环绕扁平圆盘，从隆起的核球两端延伸出若干条螺线状旋臂，叠加在星系盘之上。

台风眼云壁

下面以大气为例分析螺旋状结构的产生机制。目前学界对螺旋状结构的研究，多通过求解运动方程的特解展开。我们也可从界壳论视角考察大气螺旋状结构。根据界壳论，系统边界需具备一定开放度和交换率，以便环境能量充分输入系统，维持系统的生存与发展。换言之，大气的螺旋状结构可从系统的能量平衡方程推导得出，数学上已证明：只要有足够的环境能量输入，系统就可能产生螺旋结构。这一原理在其他领域也具有普适性：以贝壳为例，其螺旋形结构广为人知，从壳的螺旋形结构图可见，贝壳表面与内部均呈螺旋状，这与其运动效率及行为特性密切相关。

壳的螺旋形结构

## 8.3 从界壳论来理解温室效应

地球气候系统的能量主要来自太阳短波辐射，同时以长波辐射的形式向宇宙释放能量，这两个过程均受水汽、二氧化碳（$CO_2$）、甲烷和臭氧（$O_3$）等因素调控。事实上，大气充当了地球的“软边界”，保障了人类生存及地球生命的出现与进化。自工业革命以来，人类社会因燃烧化石燃料向大气中释放了大量 $CO_2$。工业革命前，地球大气中 $CO_2$ 的体积混合比浓度为 $280\times10^{-6}$，而目前已升至 $380\times10^{-6}$，增加了约 1/3，更严峻的是 $CO_2$ 浓度正呈指数增长趋势。众所周知，地气系统与太阳表面可分别近似视为 300 K 与 6 000 K 的黑体，其辐射能量主要集中在波长 10 μm 的长波辐射和 0.5 μm 的短波辐射附近。由于 $CO_2$ 等温室气体的物理特性，其对太阳辐射集中的短波辐射吸收极少，因此太阳短波辐射大部分可直接抵达地球表面；而地球表面发射的长波辐射被 $CO_2$ 等温室气体吸收后，会再以长波形式辐射回地球表面。这一过程如同给地球覆盖了一层单向通透的“被子”，随着大气中 $CO_2$ 等温室气体的持续增加，地球将变得越来越热。从界壳论角度分析，地球系统的交换率会因 $CO_2$ 等气体的增加而改变，即热量输入大于输出，导致地球温度不断上升，这种现象被称为温室效应。如今，由地球大气中 $CO_2$ 等温室气体增加引发的全球变暖，已成为关乎人类生存发展的首要问题。

为深入理解全球变暖，也可从界壳论出发进行阐释：燃烧煤、石油等燃料使大气中 $CO_2$ 呈指数级增加，这相当于改变了大气与宇宙间的正常能量通道，降低了地球系统的开放度和交换率——地球系统接收的太阳热量变化相对较小，但向宇宙发射长波辐射的效率显著下降，促使地球系统趋向一种温度更高的新热平衡状态。

地球温室效应示意图

全球变暖给人类生存环境带来了严峻挑战，人类必须采取多种措施延缓甚至遏制这一趋势。通过减少温室气体排放、保护现有植被并提高地球表面植被覆盖率，可维持地球系统与外界原有的交换率，从而可能延缓或停止全球变暖。截至目前，联合国已多次召开气候变化高峰会议，其核心宗旨便在于此。

## 8.4 安　全

安全是一个外延十分广泛的命题。可以说，任何人、任何事都与安全相关联。从界壳论视角研究安全问题，可将其泛化为卫护与交换的失衡问题。

### 8.4.1 信息安全

信息时代的到来使计算机应用更为广泛，深入到各个领域及人们的日常生活。信息技术在推动社会进步、带来诸多便利和发展机遇的同时，也引发了一系列前所未有的风险与威胁。信息安全问题几乎存在于人类活动的所有领域，在互联网（Internet）环境中尤为突出。计算机黑客通过非法手段滥用资源，攻击政府、商业、企业、个人用户乃至军事部门等各个领域，不仅造成经济损失，干扰人们的正常生活，甚至威胁到国家安全。在安全对抗中，黑客往往占据上风：人们通常在遭受攻击后，才被动地进行防护和恢复，随后又陷入对下一次攻击的茫然等待。事实上，黑客并非拥有绝对高明的技术，恰恰相反，用户自身在安全策略、安全机制、安全防范意识等方面存在缺陷或漏洞；再如计算机病毒、木马的传播给用户带来的麻烦，有时甚至是灾难性的。就网络安全而言，当前我们的网络十分脆弱，在安全体制、安全管理等多个方面均存在问题，形势不容乐观。

信息安全已成为保障国家信息化进程健康发展的基础，直接关系到国家安全。信息安全并非单纯的技术问题，也不是简单堆砌安全产品就能解决，而是一项配套的系统工程——信息安全工程。只有站在信息安全工程的高度，全面构建和规范信息安全体系、防范风险，才能保障国家信息资源的安全。

防火墙是位于计算机与其所连接网络之间的软件或硬件装置，计算机流入流出的所有网络通信均需经过防火墙。作为设置在被保护网络与外部网络之间的一道屏障，防火墙旨在防止不可预测的、具有潜在破坏性的侵入。它通过监测、限制、更改跨越防火墙的数据流，尽可能向外部屏蔽内部网络的信息结构和运行状况，实现网络安全保护。防火墙采用的主要技术手段包括数据包过滤、应用级网关和代理服务。通过对流经的网络通信进行扫描，过滤掉部分攻击行为，避免其在目标计算机上执行；关闭不使用的端口，禁止特定端口的流出通信，封锁网络木马；禁止来自特殊站点的访问，防范不明入侵者的所有通信。综上可见，防火墙兼具界壁与界门的作用，若将界壳量化原理应用于防火墙设计，或可激发出新的技术思路。

### 8.4.2　非传统安全

非传统安全（non-traditional security，简称 NTS），指人类社会过去未曾遇到或极少出现的安全威胁。具体而言，是指近年来逐渐凸显的、发生在战场之外的安全威胁。它是相对于传统安全威胁因素而言的，指除军事、政治和外交冲突以外的其他对主权国家及人类整体生存与发展构成威胁的因素。非传统安全问题主要包括经济安全、金融安全、生态环境安全、信息安全、资源安全、恐怖主义、武器扩散、疾病蔓延、跨国犯罪、非法移民、海盗活动、洗钱等。非传统安全具有显著的跨国性特征，相关问题从产生到解决均跨越国界。其威胁来源不一定是某个主权国家，往往由非国家行为体（如个人、组织或集团等）引发。若非传统安全问题的矛盾激化，有可能转化为需要依靠传统安全范畴内的军事手段解决，甚至演变为局部战争。

传统安全问题主要发生在主权国家或集团之间，其“界壳”界限清晰，解决手段也大多透明。而非传统安全问题则复杂得多，多种矛盾相互交织，既涉及界壳的卫护问题，也涉及交换问题；既存在界壳套问题，也存在界壳汇问题。显然，非传统安全领域为界壳论提供了重要的应用空间。

### 8.4.3 安全界壳

安全界壳是一个具有普遍价值的论题，几乎任何领域、任何事物都存在安全界壳问题。任何国家都需要构筑安全界壳体系，如经济、政治、文化、军事乃至外交领域的安全界壳。王芹芹和郭垂江通过对铁路编组站系统的研究，构建了相应的安全界壳模型，这一成果值得许多部门借鉴。铁路编组站作为铁路枢纽的核心，是车流集散和列车解编的基地，素有“列车工厂”之称。

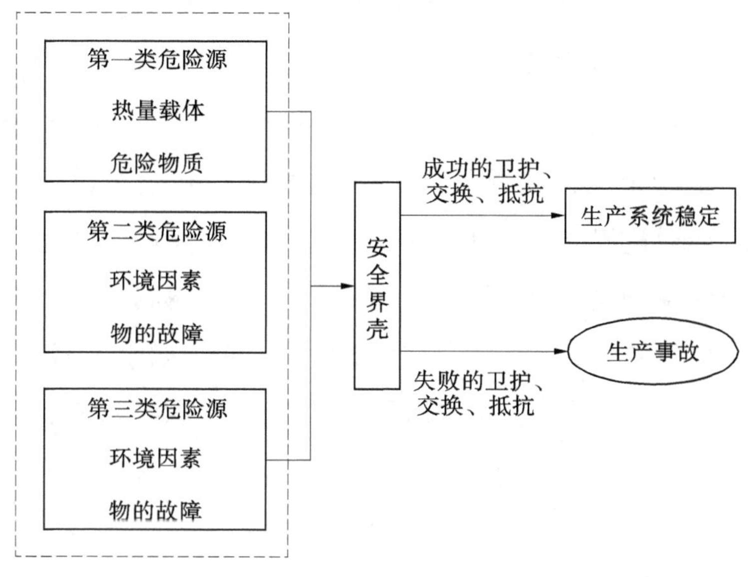


安全界壳示例

列车本身是一类界壳汇，多节车厢串联形成一维线型界壳结构。铁路编组站系统的核心任务，便是研究如何最优地构造这种列车串的组合。在此过程中，安全是运营的中心环节，即需确保列车编组过程中安全界壳的有效性。

## 8.5　水资源

事实上，自然界中的河道、湖泊、流域均存在界壳现象，也可通过界壳论进行解释。例如，河道堤防、湖岸、分水岭可视为河道系统、湖泊系统、流域系统的界壳，对其起到卫护作用，保障系统安全。同时，它们通过渗透、泛滥或补给等方式，与外环境（如地下水、生态系统、其他水体等）保持必要的物质与能量交换。由此可见，界壳论在水文领域具有较好的适用性。那么，当人类社会与自然水系统交互时，伴随更多需求产生、水资源形成与演化过程日趋复杂，界壳论是否仍能描述这类系统变化与过程？答案是肯定的，这并不影响我们通过界壳论对其进行认知。下面将具体通过界壳论在水资源系统领域的应用展开阐述。

水资源系统是由水资源、生态环境、生存物种、人类生产活动共同构成的复合系统，具有多重整体功能。如水本身是人类生存必需的“生命之源”；一定质与量的供水是国民经济发展的重要物质基础，即“生产之要”；在生态环境层面，水还可调节气候、维持森林与草原的生态稳定，以及保障湿地生物多样性，堪称“生态之基”。

从系统学视角分析，水资源系统是在特定区域内，由可为人类利用的各种形态的水构成的统一体。其中，不同类型的水相互联系，并按一定规律相互转化，体现出显著的整体功能、层次结构和特定行为；同时，统一体内部具有协同性与有序性，并与外部环境进行物质和能量交换。从物理机制看，水资源系统的主要水源包括大气水、地表水、土壤水和地下水，以及经处理后的污水和从系统外调入的水。各类水源相互关联，并在一定条件下相互转化：如降雨入渗和灌溉可补充土壤水，土壤水饱和后继续下渗形成地下水；地下水可通过土壤毛细管作用产生潜水蒸发以补充大气水，也可通过侧渗流入河流、湖泊以补充地表水；地表水一方面通过蒸发补充大气水，另一方面通过河湖入渗补充土壤水和地下水。因此，不同的水资源利用方式或人类活动扰动，可能影响水资源系统内各类水源的构成比例、地域分布、转化特性，甚至其服务功能。

综上所述，水资源系统是一个多维复杂的时变系统。在该系统中，各组成因素（自然要素与人工要素）相互作用、相互制约，任意因素的变动均可能影响水资源系统的稳定；同时，该系统与外环境保持着频繁且高强度的联系，物质、能量、信息交换的缺失或突变，均可能引发关联系统间的连锁问题。

### 8.5.1　水资源系统界壳

对于水资源系统而言，社会经济系统和生态系统通常被称为其环境系统。由于水资源系统与对应的环境系统存在互异性，因此水资源系统中必然存在界壳，用于卫护系统的生存与发展，并通过界门与环境系统进行物质、能量的传递及交换。

佟春生等学者提出，水资源系统界壳位于水资源系统与环境的外围交界处，由界壁和界门组成。界壁的功能是卫护水资源系统的生存与发展；界门则是水资源系统与环境的交换通道，发挥交换作用。由此，可将水资源系统界壳（如水资源系统界壳示意图所示）描述为：J＝｛S，E，W，G｝。

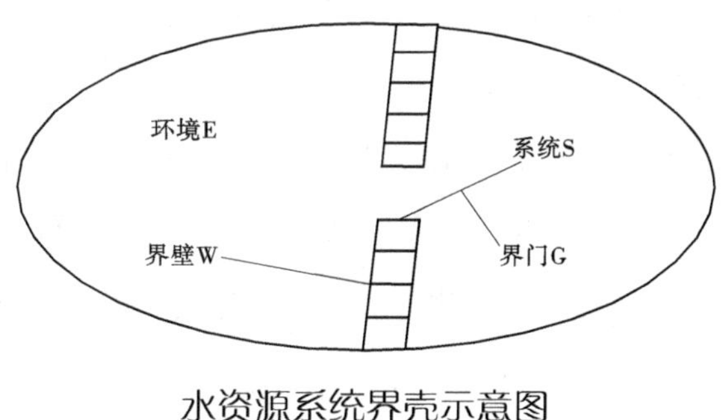


水资源系统界壳示意图

### 8.5.2 界壳组成与基本要素

水资源系统与环境系统之间的界壳大体可分为两大类：自然界壳和人工界壳。自然界壳，也称天然界壳，是水资源系统自然形成的周界。例如，河流的水源地、渗漏处和入海口等构成界门，而天然河道、河床及河水的自净能力等共同组成界壁，对河流的生存与发展起到卫护作用。然而，这种自然界壳的作用属于被动行为——当环境中的物质、能量（如污染物）试图进入系统，或系统内的能量需向外释放时，界壁的阻挡能力相对有限，界门对交换过程也缺乏主动调控能力。随着人类对水资源利用的增加及污水排放量的上升，自然界壳已难以有效卫护水资源系统的生存与发展，人工界壳便应运而生。

人工界壳，也称管理界壳，是为增强水资源系统的生存与发展能力而人工构建或实施的，例如水库、人工堤坝、污水处理厂、管理法规等。人工界壳对系统的卫护和交换作用属于主动行为，其界门可根据需求进行开关调控。此外，人工界壳在时间、空间及功能上具有可变性，能够随着系统和环境的发展变化而扩张、收缩或更新蜕变，体现出动态适应的应用特点。

#### 8.5.2.1 水资源系统界壳的组成

水资源系统界壳由界壁和界门组成，界壁承担卫护功能，界门负责交换功能，二者共同构成的界壳具备一定厚度和支撑度。

水资源系统的界壁主要指系统的边缘周界，包括自然与人工两类：自然类如海岸、河岸等；人工类如堤坝、给排水管道等。此外，管理体制与法律法规（如管理组织结构、运行规章、水法、排污法等）也属于界壁范畴。

水资源系统界壳的界门主要包括：堤与坝的闸门、水利枢纽、水电站、自来水厂、污水处理厂、管理信息处理中心、水源地、渗漏处、入海口等。

从上述水资源系统界壳的主要界壁和界门可见，界壳是多维的，其界壁和界门并非仅存在于系统边缘，而是通过特殊孔道（或时空）深入系统与环境内部。

#### 8.5.2.2　水资源系统界壳基本要素及作用

（1）开放度（$\lambda$）：指系统界门所占面积与周界和环境接触的表面积之比。开放度是调控水资源系统与环境之间物质能量交换的重要界壳要素，其数值大小直接关系到水资源的持续利用。流域本身具有一定自净功能，但若排污量超过流域自净能力，需通过人工降低界壳开放度以维持水资源生态健康；反之，开放度过大可能导致流出量超过补给量，破坏水资源循环性并引发短缺。此外，开放度过小会减少水资源系统与环境的能量交换，同时制约系统与环境的发展。因此，从可持续发展角度出发，水资源系统界壳开放度的设定需兼顾水资源自身发展与环境需求。

（2）交换率（$\omega$）：指通过界门的实际水量与环境和水资源系统的可交换水量之比，反映水资源系统与环境交换的总体特征。交换率与开放度成反比关系，可通过调控两者促进水资源可持续利用。当交换率过大时，流入或流出系统的水量增加，取水、排水空间扩大，可能导致水资源生态系统恶化，此时需人工调控界壳降低交换率；当交换率过小时，虽能维持水资源可持续利用，但会削弱环境发展能力，需适当提高交换率以确保系统与环境协同发展。

（3）界壁（$W$）：是卫护水资源系统和环境生存发展的屏障，包含界壳支撑度和界壁抵抗力两个要素。支撑界壳存在的结构单元称为界壳支撑，界壳的卫护能力称为界壁抵抗力。界壁抵抗力 $R$ 的大小反映界壳卫护作用的强弱，是界壁结构 $C$（如管道网络、水利工程分布、管理体制及法律法规等）、内外攻击 $A$（如洪水、污水等）、系统和环境状态需求 $D$（如水资源再生补给量、社会经济需水量等）的函数，即

$$R=f(C, A, D) \tag{8-1}$$

在界壁结构中，管理体制及相应法律法规等的抵抗力强弱，主要体现在水资源管理的有效性或效率上。根据组织结构理论，管理结构的复杂程度与管理效率呈反比，法律法规的有效程度与管理效率呈正比。因此，要提高界壁抵抗力，需降低管理结构的复杂程度，同时提高法律法规的有效程度，唯有如此，才能有效卫护水资源系统和环境的生存与发展。支撑度是衡量界壳支撑能力大小的指标。支撑度大的界壳能够更强地抵御外部风险，而仅有厚度却无支撑度，或仅有支撑度却无厚度的界壳，均难以保障系统安全。只有兼具一定厚度和支撑度的界壳，才能有效抵御外患，切实发挥卫护系统的作用。

（4）界门（$G$）指水资源系统与环境的交换通道（用 $P$ 表示），对系统的形成、生存与发展具有决定性作用。界门主要通过界门面积、开关速度、顺利度和复杂性指数来表征。水资源系统界壳的界门具有数量多、复杂性高的特点，其面积、开关速度、顺利度等受多种因素影响。界门强弱不均，其中薄弱或最薄弱的

环节易受冲击，进而影响水资源系统与环境的生存发展。因此，界门面积的大小、开关速度的调控性、顺利度及复杂性，对系统与环境间的能量交流和传递至关重要。

事实上，水资源系统界壳中的上述基本要素相互制约、相互影响，对任一要素进行调控都可能显著影响最终结果。因此，需对人工界壳进行合理调配，以保障水资源系统与环境的稳定和可持续发展。

### 8.5.3　水资源领域的应用前景

#### 8.5.3.1　**水资源保护**

水资源保护涉及水质、水量及洪涝灾害等问题。为解决这一综合性问题，可尝试建立水资源系统界壳抵抗力的调控模型，对水质、水量及洪涝灾害三方面要素进行合理调控：根据系统内外攻击力度（如洪水量、废污水排放量等）与系统和环境的状态需求（如河道防洪标准、水体自净能力容许的废污水排放量等），优化界壁结构（如强化堤防工程、制定防洪预案，或规划污水处理厂的建设时机与区位、制定相应力度的污染防治法规等），使界壁抵抗力 $R$ 满足系统卫护要求。

#### 8.5.3.2　**水资源开发**

水资源开发本质上是为实现水资源利用而实施的各类工程或非工程措施，同时受到社会发展与生态保护的双重制约。例如，开发建设一座水库，需以不牺牲生态保护为前提，确定建设的时间、地点、方式及规模。从水资源系统界壳理论视角分析，这一过程实则是寻找可适度冲击的界门与界壁点（面），并确保新开界门后不影响水资源系统的卫护功能，从而实现水资源开发的科学合理性。

#### 8.5.3.3 水资源利用

水资源利用约束的核心在于维持其可再生性，这要求实现整体协调且可持续的利用。从界壳理论角度看，利用过程本质上是一种交换，可将界壳开放度和交换率作为与系统交互作用的控制变量，借此推导反映系统状态与界壳要素变化的过程，进而调控水资源的供给与需求问题。

#### 8.5.3.4 水资源配置

水资源配置是涉及社会、经济、生态等多维、复杂、时变的大系统优化问题。水资源系统本身具有多维、复杂、时变特性，导致配置工作错综复杂、极具挑战性。水资源配置包含时间、空间、用途、数量四个要素，这些要素既独立完整，又相互交错、关联、包容甚至矛盾对抗，且各要素自身又由多因素构成。因此，水资源配置的层次性与多维性决定了优化的难度。其关键在于，在特定原则、范围与属性框架内，渐进式、分层级地构建多变量复杂调控模型，并通过有效手段求得模型的可行解与满意解。

水资源系统界壳的开放度、交换率、抵抗力、开关速度及顺利度等要素，全面反映了水资源优化配置调控模型的功能。通过数学模型，可将优化配置问题转化为上述要素不同取值下的极值求解问题，进而实现对水资源系统保护、开发与利用的综合优化调控。

#### 8.5.3.5 水资源管理

我国现行的流域水资源管理实行“流域管理与部门管理、行政区域管理相结合”的体制。由于不同机构的管理权限、管理方式及管理范围存在差异且相互交叉，在流域内形成了多元管理系统，即各自不同的管理界壳。以生态大系统为背景，运用水资源系统界壳理论分析流域水资源管理体制的演化趋势，有助于深化对水资源管理体制的认知。水资源管理中存在多重特性各异的界门，需从物理、社会、人文等多维度展开研究。

## 8.6　可预报性研究

在许多领域都有预报问题，如天气预报、海洋预报、经济预测、人口预测、灾害预警等。运用界扉集原理研究可预报性和不可预报性，既具备理论基础，又具有实际应用价值。

### 8.6.1　数学原理

设论域 $X$，变量 $x \in X$，可预报性 $\varphi(x)$ 和不可预报性 $\psi(x)$ 满足 $\varphi(x) \in [0,1], \psi(x) \in [0,1], \varphi(x)+\psi(x) \leqslant 1$。

定义

$$\zeta(x) = 1 - \varphi(x) - \psi(x) \tag{8-2}$$

为踌躇度。可见，踌躇度是不独立的，依赖于 $\varphi(x)$ 和 $\psi(x)$。若通过研究使踌躇度减小，则意味着人们对可预报性或不可预报性的估计更加明确。在这里 $\varphi$、$\psi$ 相当于界扉集中的 $\mu$ 、$\nu$。

定义 $\alpha = (\varphi_\alpha, \psi_\alpha)$ 为可预数，其中 $\alpha^+ = (1, 0)$ 为最大可预数（完全可预报），$\alpha^- = (0, 1)$ 为最小可预数（完全不可预报）。例如：

$$\alpha = (\varphi_\alpha, \psi_\alpha) = (0.7, 0.2) \tag{8-3}$$

对此可预数的直观物理解释为：对于某一预报对象 $y$，若 10 人参加预报，7 人认为可预报成功，2 人认为不可预报，1 人未表态。或理解为可预报成功的概率估计为 70%，不成功的概率为 20%，10%为不确定状态。

进一步定义：

$$\mu(\alpha) = \varphi_\alpha + \psi_\alpha \tag{8-4}$$

为可定函数，反映可预报性与不可预报性的综合确定程度。

$$\nu(\alpha) = \varphi_\alpha - \psi_\alpha \tag{8-5}$$

为得手函数，其值越大表明可预报性相对越强，通常期望，$\nu(\alpha)$ 越大越好，而 $\mu(\alpha)$ 并非越大越好。

定义

$$\beta(x) = \frac{\zeta(x)}{\varphi(x) - \psi(x)} \tag{8-6}$$

为踌躇系数。显然 $\beta(x)$ 越小，表明决策的踌躇程度越低，预报的确定性越高。

可预数是一个二元数，如同集合论中所做的，定义其运算规则。

设可预数 $\alpha = (\varphi_\alpha, \psi_\alpha)$，$\alpha_1 = (\varphi_{\alpha1}, \psi_{\alpha1})$，$\alpha_2 = (\varphi_{\alpha2}, \psi_{\alpha2})$ 则

补运算

$$\alpha^C = (\psi_\alpha, \varphi_\alpha) \tag{8-7}$$

并运算

$$\alpha_1 \cup \alpha_2 = (\max\{\varphi_{\alpha1}, \varphi_{\alpha2}\}, \min\{\psi_{\alpha1}, \psi_{\alpha2}\}) \tag{8-8}$$

交运算

$$\alpha_1 \cap \alpha_2 = (\min\{\varphi_{\alpha 1}, \varphi_{\alpha 2}\}, \max\{\psi_{\alpha 1}, \psi_{\alpha 2}\}) \quad (8\text{-}9)$$

### 8.6.2　算　例

为易于理解上面所定义的变量和数，作如下运算。

设对某气象站的汛期降水和温度用自回归建模，随后对 $n$ 年进行试报，由此求得降水和温度的可预报性与不可预报性，经规一化得以下结果。

对降水

$$R = (\varphi_R, \psi_R) = (0.6, 0.2)$$

踌躇度

$$\zeta_R = (1 - 0.6 - 0.2) = 0.2$$

得手函数

$$\nu_R(\alpha) = 0.6 - 0.2 = 0.4$$

对温度

$$T = (\varphi_T, \psi_T) = (0.8, 0.1)$$

踌躇度

$$\zeta_T = (1 - 0.8 - 0.1) = 0.1$$

得手函数

$$\nu_T(\alpha) = 0.8 - 0.1 = 0.7$$

降水和温度的踌躇系数分别为

$$\beta(R) = 0.2/(0.6 - 0.2) = 0.5$$

$$\beta(T) = 0.1/(0.8 - 0.1) = 0.143$$

由此可见，我们只要比较一个数，即踌躇系数就可综合考虑可预报性和不可预报性，这里可判断温度可预报性好于降水。

降水可预数的补为

$$\alpha_R^C = (0.2,\ 0.6)$$

温度可预数的补为

$$\boldsymbol{A}_T^C = (0.1,\ 0.8)$$

降水可预数和温度可预数的并，为

$$\alpha_R \cup \alpha_T = [\max(0.6,\ 0.8),\ \min(0.2,\ 0.1)] = (0.8,\ 0.1)$$

降水可预数和温度可预数的交，为

$$\alpha_R \cap \alpha_T = [\min(0.6,\ 0.8),\ \max(0.2,\ 0.1)] = (0.6,\ 0.2)$$

# 第9章

# 界壳论在人文社会科学中的应用

界壳论对人文社会科学是颇有吸引力的，因为这一领域里界壳现象丰富多彩。更重要的是，如果用界壳论原理来重新探讨人文社会领域的原有问题，会得到崭新的结果。作为论述重点，本章将叙述界壳论在儒家思想、文学艺术、心理学、历史和文明等方面的应用。

## 9.1　儒家思想

孔孟所处时代的信息量与当今社会不可同日而语。那时信息传播只能依靠口传、竹简等方式，而当今社会借助报纸、广播、电视和互联网等媒介，信息交换迅速、信息量庞大。但孔孟通过讲课、游学等方式传播学说，就此而言，信息型界壳同样存在于孔孟之道中。“三人行必有我师”，即倡导人们向他人学习，持续与他人进行信息交换。

儒家思想与基督教对人性的看法从初始着眼点便有差异：基督教以亚当和夏娃偷食禁果繁衍人类的故事为基础，以人“生来有罪”为出发点，着眼于生命的救赎，可视为初始就将人置于“恶”的界壳中；儒家思想以人“需要成德”为基点，即初始将人置于“善”的界壳中，对人性作出正面肯定。从正面看，儒家肯定人性成德的可能性；从反面看，其承认现实中生命可能缺乏德性，需要净化与提升——若没有反面内涵，儒家强调成德和修身的努力便失去必要性。总之，无论基督教还是儒家，都试图将人导向至善的界壳，而通向这一界壳的路径狭窄，需个人终身修行，方能实现善终或进入“天堂”的理想境界。

中庸思想是孔孟之道的精华，中国文化始终贯穿着以中庸为核心的礼乐文化。这一思想对中国古典文学艺术影响深远，尤其在文学、书画艺术的发展中，中庸思想具体物化为对“中和之美”的追求。此外，儒家以有为精神激励人们发愤图强，以公忠为国培育爱国情怀，以仁爱培养热爱人民的情操等，这些思想从两汉、魏晋南北朝到唐宋元明清，始终贯穿于我国文化传统，并在文学作品中或隐或显地发挥作用。

## 9.2 界扉主义文学和艺术

从界壳论观点来看，可以把文学视为连接现实空间和笔耕空间的桥梁。设现实空间中的 A 事件经桥梁变为笔耕空间中的 A′，此时桥梁相当于作家的写作；笔耕空间中的 B 事件经桥梁变为现实空间中的 B′，此时桥梁相当于读者的阅读。在此过程中，桥梁上的“通行者”均为单向行动，没有回头路径。这种桥梁与界壳上的通道极为相似——对于一个真实系统而言，其输入与输出存在显著差异，即桥梁虽连接现实空间与笔耕空间，但正向与逆向传递会产生不同结果。

当读者阅读文学作品时，需通过字里行间理解作者本意。由于文字具有模糊性和不确定性，读者与作品之间的信息通道相当狭窄，且这种交流是单向的（仅从作品流向读者，不存在反向流动）。对读者而言，若以其为主体，则仅有输入而无输出。从界壳论“交换包括输入和输出两部分”的观点来看，阅读和欣赏显然属于单一的输入行为。一般读者面对的是固化的文章或书籍，即便产生读后感，也无法影响作品本身，这正是传统文学接受观的体现。现代文学观点则认为，真正的接受不仅包括输入，还需从读者处激发思维，这进一步深化了对文学接受的理解。然而，只有在进行文学批评时，才会出现读者或批评者的输出（如将观点表达出来供他人知晓或发表）。就文学批评本身而言，尽管其前提是阅读作品，但本质上是一种输出行为。由此可见，阅读欣赏与文学批评是两种流向不同的活动，不可混为一谈。将二者并列视为文学接受的两种基本形式，从界壳论“交换”的观点来看，存在混淆概念之嫌。文学作品输入读者或批评家脑海后，经思维加工反馈给作者或他人，这一过程已实现信息流向的逆转，可称为文学批评。因此，或许可将阅读、欣赏归属于文学接受，而文学批评归属于文学评价，当然这一观点仍需进一步探讨。

从信息论角度，可将文学视为“现实—作家—作品—读者”间的语言符号流，即从现实经作家、作品到读者的信息流。这一过程需经过作家的思维加工，因此信息流必然受到作家内心世界的“干扰”，真正意义上的“写实”描写并不存在——作家笔下的文学作品必然是“变形”的现实，是对现实原型的一种映象。由于“现实—作家—作品—读者”间的信息通道存在差异（或畅通或阻塞、或宽广或狭窄），最终形成的映象（作品）也大相径庭。例如，从巴尔扎克笔下的葛朗台到卡夫卡的变形虫，作品内容截然不同；西方油画中的树、中国写意画中的树、抽象派的树乃至行为主义的立柱，均是艺术映像的不同表现形式。

由此可见，从界壳“卫护与交换”的观点讨论文学，不仅可能催生出新的文学理论，还可能派生出一种文学新潮流——界扉主义文学。作为一种可实际操作的文学手法，它如同存在主义文学一样具有独特风格，并有望在文学史上占据一席之地。此处采用“界扉主义”而非“界壳主义”，是因“界扉”一词相较“界壳”更具文雅之感。需注意的是，读者与文学作品并非互动关系，因为作品一旦定稿出版便成为凝固的存在，如同摄像机拍下的视频，将现实生活定格。

不妨设想界扉主义文学的典型场景：一个“电脑奴”终日守在电脑前，足不出户，所有交流与工作均通过电脑和网络完成，饭菜依赖外卖配送，身体日益虚弱；其在网上结交异性朋友，仅见过照片而未见过真人，甚至要求父母出资在网上与“对象”结婚，展现出一种超柏拉图式的爱情与婚姻模式。

现实中，婚姻界壳的通道极为狭窄——外部人员不易进入，内部人员也难以退出，婚姻宛如围住一对男女的界壳。钱钟书的《围城》便渗透着界壳论思想：婚姻如同围城，城外的人想进去，城里的人想出来。作品通过描述 20 世纪 40 年代男女婚恋，揭示了当时城乡意识的差异与东西文明的碰撞，彰显了儒家思想内涵。

分形绘画

正如物理学中的分形理论催生了分形绘画，界壳论思想也有望派生出“界扉艺术”，而这需要科技工作者与艺术家的通力协作。事实上，已有作者将界壳思想融入文学创作，如网络文学《九脉修神》［作者 Grape（葛莱浦）］中，第 306 节以“界壳世界”为标题，描述了主人公及其伙伴依托界壳防御外敌进攻的玄幻情景。

# 9.3　界扉心理学

## 9.3.1　弗洛伊德的三我论

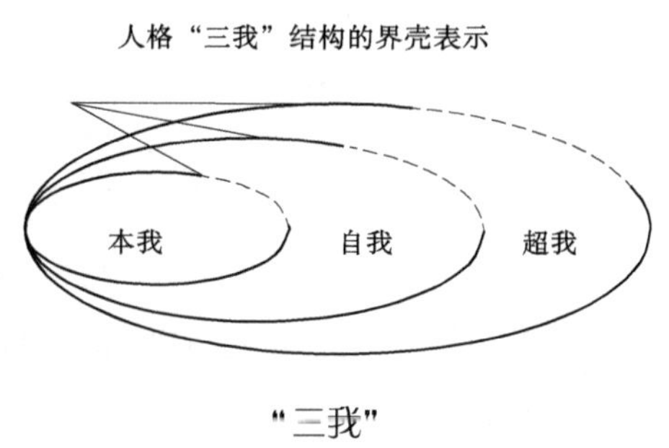


著名心理分析大师弗洛伊德提出了关于人格的本我、自我和超我学说。本我与生俱来，是人格结构的基础，由先天本能与欲望（如饥饿、愤怒等）组成能量系统，具有强烈原始冲动（弗洛伊德称之为“里比多”Libido），处于无意识、非理性、非社会化的混乱状态。自我是“心理的我”，属于一种潜意识，介于本我与超我之间，兼具双重功能：一是通过知觉与思维满足本我需求，受“现实原则”支配；二是作为本我的“守门人”，将违背超我的原始冲动压制回潜意识。超我代表道德性的“社会的我”，是意识的产物，受人类社会伦理道德、宗教、法律主宰，受“唯善原则”支配，以社会道德标准压抑本我。

弗洛伊德的三重人格结构易于从界壳论角度来解释。本我、自我、超我可视为三个嵌套的界壳：本我位于最内层，反映人的深层心理与本能需求；超我为外层界壳，面向社会，受社会、政治、法律、宗教、道德等约束，从社会接收相关信息，通过自我传递给本我，以确定释放或压抑“里比多”；自我作为中间界壳，促使本我冲动现实化。

如果从三重界壳结构来考察本我、自我和超我，研究不同层次界壳间的交换关系，以及外层界壳（超我）与社会环境的信息交换，我们会得到比弗洛伊德本人描述更为清晰的心理运作图景。

精神分析是一种解释神经症产生及精神发育过程的心理学理论，其要点包含三个关键概念，即：

（1）潜意识概念：指人们意识不到，但对行为产生作用的心理活动。

（2）阻抗概念：通过运用防御机制，抵抗潜意识向意识转化的过程。

（3）移情概念：一个人与他人当前的关系会受其过去与他人关系的影响，尤其是患者与治疗师的关系，往往会再现患者与过去亲人的关系。

阻抗和移情概念实际上可视为人类心理界壳（该界壳蕴含潜意识）的“卫护”与“交换”概念。在精神分析治疗中，还涉及患者的记忆特征——理论假定精神治疗师可成为患者亲人的心理表象，这一过程相当于“自记忆-界门模型”，是该模型的一个模糊实例。

大部分时候，本我、自我和超我三部分相互协调、和平共处。但有时，它们会产生重大分歧，且分歧常出现在暴力相关领域。许多心理学家认为，最佳方式是以安全且社会可接受的方式释放压抑的情感，例如击打沙袋、大声喊叫、捶胸顿足。从界壳论观点来看，击打沙袋、发泄怒气仅是一种单向输出，而对系统而言，当下需要的是双向交换——既要向外发泄，也需向内输入。可以说，单向发泄无助于减少心理压力。因此，如今开设的心理咨询网站，通过主持人与客户对话、交流心声来疏导客户心理，这种双向交换的方式符合界壳论原理。事实上，诸如学生向老师谈心、宗教中教徒向牧师忏悔等，均是个体间通过“界门”进行的双向交换，有助于心理问题的解决。

### 9.3.2　心理安全

心理安全是每个人的心理卫墙，若没有它的保护，个体的健康心理会坍塌。反过来，团队应为成员构筑心理墙，为其心理安全提供庇护。心理安全一直是心理学、管理学、卫生保健和行为管理领域的重要研究课题，它对工作场所的有效性起着重要作用，可促进团队思想与活动的同向性。心理学认为，安全感是决定心理健康的最重要因素，甚至可将其看作心理健康的同义词。

心理学已从多个方面对具有安全感和缺乏安全感的人进行了对比研究。具有安全感的人往往感到被他人喜欢、接纳，能体会到温暖与热情，认为自己是群体中的一员并拥有归属感。他们对他人常抱持信任、宽容、友好的态度，性格乐观，倾向于满足和开朗，表现出以客体为中心而非以自我为中心的倾向。面对问题时，他们会为解决问题争取必要的力量，关注问题本身而非对他人的控制，为人坚定、积极，有良好的自我认知，能以现实的态度面对生活，关心社会、善意待人且富有同情心。

相反，缺乏安全感的人常常感觉被拒绝、受冷落或遭歧视，体验到孤独、被遗忘甚至被遗弃。他们常感到威胁与危险，对他人持不信任的悲观态度，表现出强迫性内省倾向，容易产生罪恶感和羞怯感，会自我谴责，甚至出现自杀倾向。现实中我们可以看到，安全感强的人具有较高的接纳度和自我认同感，而缺乏安全感的人往往隐藏着强烈的自卑和敌对情绪。

事实上，心理健康标准中的第一条便是个体需具备充分的安全感。反之，对于缺乏安全感的人而言，外界环境中的任何影响、任何作用于有机体的刺激物，都或多或少更易被以不安全的方式解读。就学生而言，若学校教学得法，便会让学生产生安全感；反之，若一个组织或国家无法提供安全保护，使其成员处于惶惶不安之中，则意味着其丧失了应有的职能。从界壳论观点来看，心理安全意味着成员在界壳内能够自由交流，且当受到界壳外的攻击时，相关方面能坚决予以保护。

### 9.3.3 发展界扉心理学

界壳的两大功能——卫护和交换，在心理学中几乎处处可见。这是因为人作为生命体，无时无刻不在为生存而斗争：作为个体，随时可能受到自然环境条件和社会人际环境的“影响”，因此需要在心理上随时进行防卫；而作为社会人，又必须与周围环境进行物质交换，尤其需要与家庭、工作单位、社团乃至他人进行信息交换，这种交换必然与心理活动相关联。可以说，从界壳论原理考察心理现象、重新审视心理学概念并研究各类心理学理论时，能够发现其中诸多问题，进而提出新观点、新思路，甚至构建新理论。据此设想，以界壳论为基点，有可能发展出心理学的新分支——界扉心理学。不过，心理研究需依托心理实验，且在传统心理学理论基础上发展新理论并非易事。因此，建立和发展界扉心理学仍任重道远，需要更多专业人士的参与。

## 9.4　创新与探险

创新对于科研、经营、领导、管理而言都是头等大事，“不创新，就灭亡”的说法并非言过其实。导师必须向研究生指明研究方向及达成路径，即明确“做什么”和“怎么做”，才能让学位论文实现创新。

活字印刷术开辟了出版新纪元；瓦特发明蒸汽机，将人类从人力、兽力的束缚中解放出来；人造卫星让人类得以从太空观测地球，突破了“坐井观天”的局限 —— 这些都是科学技术领域里程碑式的创新。人工智能作为控制论、系统论的重大发展成果，因其在科技层面的突破性创新，在 20 世纪 50 年代初创期曾引发激烈争论：“机器能否拥有智能?”如今，人工智能的发展已推动人类科技乃至社会发生了巨大变革。

创新通道往往从界壁的薄弱处、易于打开缺口的地方开辟。例如，人类早期的药物取自自然的矿物、动物和植物，直到工业化社会才出现化学合成药物，这是因为自然界已有的物质在农牧社会即可获取。

创新过程既有渐变，也有突变。人们不能指望一蹴而就实现重大突破，只有在崎岖的道路上不断前进、探索，才能找到新通道，实现重大发现与突破。

如果将创新前后的状态分属两个界壳，那么从一个界壳到达另一个界壳必须存在通道，否则创新无法实现。对此，人们未必已有自觉认识。恰恰相反，空泛地谈论创新而不指出、探讨实现创新的通道，最终只会让创新沦为一句空话。

探险是指探索险境，意味着到无人或很少有人去过的地方考察，从事鲜少有人尝试过的活动。无论是出于个人欲求，还是因工作需要（如科考），探险这种行为本身就不同寻常。它既是对人类探求未知世界的原始冲动的继承与发扬，也是推动人类文明走向更加发达的内在动力。

外出旅行必然要离开自己熟悉的环境，自愿或非自愿地接触新事物及新环境，这既能丰富我们的生活阅历，也能增长见识。换句话说，探险首先要从熟知的环境（界壳）中走出来，随后进入一个不熟悉甚至未知的世界。当探险者观察探险地的自然地理环境时，往往需要先进行记录，然后展开分析研究，这便进入了自然地理的界壳。如果新发现了一种动物或植物，又要深入到生物的界壳里。

在探险过程中，若身体出现问题（如骨折、生病），却仍要坚持探险，就需要战胜医学和心理层面的挑战。若遭遇雪崩、塌方等险情，可能会导致身体受损乃至死亡；若不幸迷路，则需要发出信号请求他人营救，或者说在探险界壳中向基地人员或组织寻求救助。若救助信号中断，就可能面临生死存亡的危机，这涉及熟知环境（界壳）与探险地界壳之间的通信问题。

达尔文乘坐贝格尔号舰开启了历时 5 年的环球航行，对动植物和地质结构等进行了大量观察与采集。他的这次环球航行，既是一次探险，也是一场科学考察。他运用在 19 世纪 30 年代环球科学考察中积累的资料，撰写并出版了《物种起源》，提出了生物进化论学说。也正是前人在探险中的丰富收获，激励着后来者不屈不挠地投身探险事业。

创新和探险虽是两件不同的事情，但在人们勇于探索新事物这一点上是相通的，都需要从常规的界壳中挣脱出来，进入一个充满未知与新奇的世界（界壳）。

## 9.5　历史和文明发展

### 9.5.1　历史事件再认识

历史记载着人类活动进程中的系列事件，并对其作出种种解释。如果我们用界壳论审视多种多样的历史事件，就会领悟到新的观点和理念，并对历史事件作出新的解释。例如“分久必合，合久必分”讲述的是，在某一地域发生的历史事件中，多国合并成一国；反之，一国分裂成多国。若按界壳论分析，这相当于一个大界壳分裂成若干小界壳，小界壳之间的交界处存在交流互动，而交流中若发生矛盾冲突，就可能引发战争。如我国周朝时期的战国时代，便经历了这样的过程——后来秦朝灭掉六国、统一天下，众多小界壳由此整合为一个大界壳。

中华文明融合了多民族文化，打破了不同民族各自构筑的界壳，通过交流互鉴，最终汇聚成中华文化。

### 9.5.2　闭关自守

回溯清代统治时期 18 至 19 世纪的落后屈辱历史，令人痛心。

清廷为维护其统治，大兴文字狱，扼杀人民的创新活力，而清政府的海禁政策，正是导致这段落后屈辱历史的主要原因之一。

清政府出于防汉制夷的政治考量，同时为了打击反清复明势力，推行了空前绝后的闭关锁国政策，甚至在康熙时期实施了残酷的沿海迁界政策。这一举措扼杀了中国的对外海洋贸易，延缓了国内工商业的发展进程。清代闭关自守的政策，在乾隆至嘉庆时期表现得最为突出。由于英国等殖民者在中国沿海频繁进行种种非法活动，清政府于 1757 年传谕外国商人，规定此后只准在广州一口通商，不得再前往厦门、宁波等地。与此同时，清政府还加强了对内地商人的限制，设立保商制度，压制民间与国外的通商往来。

可以说，海禁政策与迁海令严重摧毁了中国的沿海贸易体系，使得中国航海技术远远落后于西方，最终导致西方军舰得以在中国海域横行无忌。更为严重的是，由于长期实行闭关政策，西方工业革命后诞生的先进技术，如蒸汽机、纺织机等均无法引入中国。当列强的炮舰强行敲开中国的大门时，中国人才从蒙昧中惊醒。由此可见，一个国家边界的开放与封闭及其开放程度，会对该国的社会经济与科学技术发展产生严重影响。

### 9.5.3 文明发展

在人类文明发展进程中，著名的四大古文明备受关注。四大文明古国均建立在易于生存的河川台地附近，且多位于大河大江入海口的上溯不远处，即海陆交汇的“水界门”区域，这一现象与界壳理论的推论相契合。

在北半球的尼罗河流域、底格里斯河与幼发拉底河流域、印度河与恒河流域以及黄河与长江流域，相继孕育了世界四大文明，分别为尼罗河文明、两河文明、印度河文明和黄河-长江文明。过去，学界普遍认为中华文明发源于黄河流域；而浙江发掘的良渚-河姆渡文化（距今约 5 000 年，属母系氏族时期，已出现陶器、玉器的使用，掌握水稻栽种技术，且有食物剩余现象），不仅将中华文明史大幅前推，更证实了长江下游地区同样是中华文明的重要发源地。

从表面看，这四大文明似乎是在各自独立的地域中发展演进的。但深入研究不难发现，不同文明之间始终存在相互影响。以中国历史为例，唐代社会风气开放，长安城盛行穿胡服、跳胡舞等现象，充分体现了外来文化对中华文明发展的推动作用。由此可见，没有任何一种文明能够在自我封闭的状态下蓬勃发展。现代文明更是如此——随着飞机、无线通信等技术的发展，世界各地的联系日益紧密，技术得以快速传播，文明发展也呈现出近乎同步的趋势。

# 第10章

# 界壳论与人们生活

从地球生态到人类社会，界壳论贯穿生命与生活，它是保护也是约束，需在安全与交流间寻平衡，探索界壳智慧，守护生存与发展。

## 10.1　生命的生存世界

对于生命而言，地球上的条件可谓得天独厚：下有岩石圈，上有大气圈、磁层，生命生活在一个稳定的界壳圈中。地球之所以存在生命，是因为其下界壳——岩石圈，能保护生命免受地球核心高温（达 6 000 ℃）的影响。此外，地球自转过程中，铁质核心产生强烈磁场，磁层包裹地球并起到保护作用。当太阳风暴（即来自太阳的高速带电粒子流）猛烈袭击地球时，磁层将其阻挡在高空，从而保护了地球上的生命。

地球的大气层同样发挥着重要保护作用：它阻挡了宇宙空间中强烈的紫外线，使生命免受伤害；拦截了大部分撞向地球的陨石，避免地球表面像月球一样坑洼不平；还像一床厚厚的棉被，阻止照射到地球表面的太阳光散发到太空中，使地球温度不会剧烈变化。若没有大气层，地球将不会有刮风下雨、江河湖海，成为死寂荒凉的星球。毕竟，适宜的温度是生命活动的必需条件。

地球能保持恒定的生存环境，离不开水的调节作用。世界海洋面积辽阔，占地球表面积的 71%，平均深度 3 800 m，体积达 $13.7\times10^{8}$ km$^{3}$。由于水的比热和热容较大，夏季海水可储存大量太阳辐射能量，避免气温过高；冬季虽然太阳辐射较弱，使海水得到的能量较少，但可以释放夏季储存的能量，使气温不致过低。海洋如同巨大的空调机，调节着地球表面温度。

如前所述，地球生命和人类生存在一个“舒适”的空间，需要满足温度适宜、有一定阳光、充足氧气和水、无强紫外线、免受陨石撞击等条件。而维持这些条件必须依靠界壳来围成一个生存空间。人类生存空间由上壳和下壳构成。上壳包括磁层和大气层，其中大气层由热层、电离层、平流层和对流层组成。下壳即下垫面，由岩石圈、水圈、冰雪圈及生物圈组成。上壳和下壳对人类生存具有关键保护功能。上壳和下壳对人类生存具有重要的保护功能。例如，人类如同生活在一个“上有伞、下有地”的特殊运动车厢中，而来自下壳的地震和火山活动会对人类生存空间造成破坏。全世界每年发生约 500 万次地震，其中有感地震约 5 万次，能造成严重破坏的地震平均每年 18 次左右。破坏性地震可导致数万甚至数十万人死亡，震区民众多年生活在不安中，正常生存条件难以恢复。再如，火山爆发对空气污染、航空飞行尤其是气候的影响十分显著。火山灰喷发到平流层后，会在全球形成一层阻挡阳光的尘埃层，导致地表温度下降，对农业、生物和人类均会产生多种影响。

来自系统内部对界壳的破坏主要是人类活动。如前所述，对臭氧层的破坏以及地球暖化等人类破坏环境的行为，会从系统内部对生存空间造成严重破坏。近年来，人们大量使用氟里昂制冷剂，其气体大量进入高层大气，与紫外线作用时产生的氯离子会与臭氧分子中的氧原子结合，导致臭氧失去一个氧原子后变成纯氧。此外，飞机尾气等因素也在加速臭氧层的人为破坏。

针对小行星撞击地球的威胁，已有科学家提出应对方案。这些方案虽尚属科学设想，但随着人类科技的发展，未来有望创造出可行的实施方案。针对系统内部对生存界壳的破坏，首先需要防止臭氧洞进一步扩大。目前，人们已认识到臭氧洞对人类及生物的危害，经过不懈努力，臭氧枯竭问题将得到有效遏制。其次是土地荒漠化问题，20 世纪后半叶，人们已意识到其严重性，联合国呼吁世界各国筹措资金开展防沙化斗争。包括中国在内的 185 个国家已签署并批准《国际防治荒漠化公约》，相信通过世界各国的共同努力，土地荒漠化趋势必将得到遏制。

人类舒适的生存空间依赖界壳的保护，而界壳更需要强有力的卫护。卫护好人类舒适的生存空间，是当今人类面临的紧迫而严肃、需倾全力解决的课题。

## 10. 2　人的空间界壳

每个人周围都存在一种看不见的界壳，它起到与他人分离（同性之间）或吸引（异性之间）的作用，这种界壳可称为人际界壳，它是社会结构的重要组成要素。例如，家庭是人类生存的一种主要人际界壳，由血缘关系构成。而围绕每个独立个体周围的另一种界壳，称为个体人界壳，由个体的生理和心理结构组成。显然，人际界壳与个体人界壳是两种性质不同的界壳：前者具有社会属性，后者属于自然属性。此外，工作单位等社会场景中形成的界壳也属于人际界壳，人们通常会受到其约束。

在原始社会并不存在家庭，随着私有财产的出现，逐渐形成了多种形式的家庭。家庭一方面约束个体，减少了个体的自由；另一方面又是个体的安全屏障。家庭由一夫一妻、一夫多妻、一妻多夫及其子女构成，它们在特定的历史条件和技术条件下形成，已存在数千年。从界壳论观点来看，家庭如同一个坚果，虽卫护了家庭成员的安全，但由于其对外通道狭窄，也限制了家庭成员与其他人员的交往。随着个体对“自由”的渴望，在新技术发展的背景下，现有的家庭结构可能会逐渐瓦解，独立的男女个体或将成为社会的基本单元。

胎儿从受精卵开始发育，便一直处于界壳的卫护之下。受精卵作为一个细胞，其外壳为细胞膜。受精卵完成着床后，羊膜腔形成。

孕 5 周时，胎儿长到 0.4 cm，进入胚胎期，羊膜腔扩大。

孕 7 周时，胎儿长到 1.33 cm，胚胎已具人的雏形，体节全部分化，四肢分出，各系统进一步发育。此时胎囊约占宫腔的 1/3，一段肠管开始突入脐带，脐带内清晰的血管已开始向胎儿身体输送氧气和营养——脐带成为胎儿成长所需氧气和营养的通道。

孕 10 周时，胎儿长到 2.83 cm，胎盘雏形形成。B 超显示胎囊开始消失，月牙形胎盘显现，胎儿在羊水中活跃运动。

孕 28 周时，胎儿几乎占满整个子宫，随着空间缩小，胎动逐渐减弱。

孕 40 周时，胎儿身长约 51 cm，大多数胎儿在此周降生，离开母体后成为独立个体。

人出生后，便处于有形硬界壳（如建筑、衣物）和无形软界壳（如社会规则、心理边界）的双重包围中，突破这些界壳并非易事。

随着人类文明与科学技术的发展，人的活动范围不断扩大：最早仅凭双脚行走时，每日活动范围仅 10 km；学会骑马后，可达 100 km；18 世纪工业革命后火车出现，活动范围扩展至 1 000 km；

再后来飞机的发明，使活动范围可达 10 000 km。这一过程反映了人类活动界壳的逐步扩展。

## 10.3　生活中的界壳论

实际上，人们在思考和实践中经常运用界壳方法。例如，设置公路收费站时，需考虑在常态车流下设置多少收费通道才能避免堵塞。人类社会活动离不开人流、物流、能流和信息流，这些“流”可能发生阻塞、停顿或变换，而它们与系统周界紧密相关，因此研究界壳对这些“流”过程的作用具有重要意义。

相信很多人都有这样的经历：煮完鸡蛋后将其放入冷水中，利用蛋白与蛋壳膨胀程度不同使其分离，这样鸡蛋会更容易剥壳。但需注意，新鲜鸡蛋表面原本有一层保护膜，能防止蛋内水分蒸发和微生物侵入，但鸡蛋煮熟后，这层保护膜就被破坏了。此时将鸡蛋放入冷水中，冷水和微生物可能会通过蛋壳及壳内双层膜上的孔隙进入蛋内，食用时就可能将细菌一同摄入。

让我们考察一对青年男女成为名副其实的夫妻需要经历多少关卡，也就是要通过多少“界门”才能最终成婚：首先，男女双方需通过相亲、网络结识、他人介绍或因同事、同学关系等途径相识，这是第一关；接下来，从相识到相互熟悉并相爱，构成第二关；第三步，需获得双方父母同意；第四步，到政府部门申领结婚证，从法律上成为夫妻；第五步，为获得公众认可，需举办婚礼婚宴（城市中通常在饭店或公共场所举行）；第六步，婚后进入洞房并共同生活，至此完成所有实质婚姻步骤。这六大关卡中，任何一步都可能遇到阻碍。例如，恋爱男女因父母反对分手，或婚后双方未实质共同生活（如分床而居），成为名义夫妻。历史上"关公过五关斩六将"需经历武力争斗，而现代男女结婚虽无须暴力冲突，但跨越多重社会与文化"界门"同样不易。

正如世界上没有完全相同的两片叶子，这个世界上也不会有完全相同的两个人。由于遗传基因、早期教育、人生经历、学历及社交圈的不同，每个人的理念、信仰也会不同，看待问题和解决问题的方法自然存在差异。因此，人们会处于不同的物理空间和信息空间，即不同的"界壳"中，彼此之间只有通过"界门"才能接触和交流。例如，中国小学生到美国后，往往难以与当地小学生直接沟通：语言上，中英文需通过翻译才能理解，且容易产生误解；饮食和文化背景差异显著，相同的话语或动作在双方认知中可能有不同含义。因此，中国小学生通常需要经历一段适应期，才能融入当地的学习和生活。

《红楼梦》中有一则家喻户晓的故事——刘姥姥进大观园，其间闹出许多笑话，衍生出不少轶事。这是因为刘姥姥原本处于农耕乡村的"界壳"中，而贾府则属于官宦人家的"界壳"，二者社会环境迥异，内部系统状态截然不同，刘姥姥自然难以适应。首先，进入宁国府和荣国府并非易事。刘姥姥因远房亲戚的关系才得以进入，且进门时必定经过"安检"——由小厮查验。她作为老太太带着小孩，随身携带可随时打开的包袱，显然不似盗贼，也不会夹带刀枪等危险物品。此外，中国古代诚信风气良好，何况是老太太和孩童，更易获得信任。

有关部门的一项调查显示，被调查者中三成与父母不沟通，四分之一仅在与父母发生矛盾时才主动沟通；近一半人在社交中缺乏安全感，约两成人对现实生活感到空虚不安，六成感到孤独，八成认为社会不平等。如前所述，安全与孤独均可从界壳论视角分析——安全可从界壳的卫护功能探讨，孤独则可从界壳的交换功能研究。追求安全往往需要远离尘世，但这会导致孤独，因此二者如同跷跷板，需维持动态平衡。

# 附录　界扉集及其表征函数

设论域 $E$，定义在 $E$ 上的界扉集合 $A$，每个界扉集元素 $u \in E$ 具有一对属性：卫护和交换，记卫护度为 $\mu$，交换度为 $\nu$，表示为 $(\mu, \nu) \mid u$，则满足：

$$\mu, \nu \in [0, 1], \mu + \nu \leqslant 1$$

这里规定 $\mu$、$\nu$ 在 0~1 取值。另外，考虑界壳的卫护作用和交换作用在同一个界扉集元素中呈现此消彼长的关系，故限定 $\mu+\nu \leqslant 1$。需要说明的是，我们对每个界元都赋予了双量化值（即一对值）。这与其他集合论的处理方法有所不同。例如，在经典集中，仅用特征量 0，1 表示元素属性；在 Zadeh 模糊集中，元素仅有一个隶属度值。这里的一对值是由界壳特性决定的，是界壳论中定量化表示的一个特色。在实用中，用式（7-11）把量测数据转换到［0，1］作为卫护度为 $\mu$，交换度为 $\nu$，也可由专家来确定 $\mu$、$\nu$。

界扉集是界壳量化的数学基础。构造集合

$$A = \{\langle \zeta_A(u), \mu_A(u), \nu_A(u) \rangle \mid u \in E\}$$

式中，$\zeta_A(u), \mu_A(u), \nu_A(u) \in [0,1]$，$\mu_A(u)+\nu_A(u) \leqslant 1$，称 $A$ 为具有三标识的界扉集。$\zeta_A$ 表示 $A$ 的状态。设界扉集含 $n$ 个元素，则记为

$$A = (\zeta_1, \mu_1, \nu_1)/u_1 + (\zeta_2, \mu_2, \nu_2)/u_2 + \cdots +$$

$$(\zeta_n,\ \mu_n,\ \nu_n)/u_n$$

式中，+表示后面还有一个界元，并非代数运算符。对有无限个元素的无限集，记为

$$A=\oint_E(\zeta,\ \mu,\ \nu)/u$$

式中，$\oint$ 为符号，表示无限元素。

称

$$\xi=1-\mu-\nu$$

为欠荷度。我们把某界元的卫护和交换功能之和达到 1 视为满负荷的，因此与 1 的差值，则称为该界元的欠荷度。

记状态 $\zeta\in[0,1]$，则界壳元 $u$ 表示为

$$z=(\zeta,\ \mu,\ \nu)/u$$

因系里的元素既无卫护功能也无交换功能，$\mu=0$，$\nu=0$，故表示为

$$z=(\zeta,\ 0,\ 0)/u$$

定义整合数

$$M(u)=[\mu(u)+\nu(u)j]+\zeta(u)i=\kappa(u)+\zeta(u)i$$

$$\mu(u)+\nu(u)j\equiv\kappa(u)$$

式中：$i$ 为将系统状态转换到界扉元 $\mu(u)+\nu(u)j$ 的系数；$j$ 为将交换度 $\nu(u)$ 转换到卫护度 $\mu(u)$ 的系数，$\kappa(u)$ 表示界壳元的全函数。

由此可见卫护度 $\mu(u)$ 是系统状态 $\zeta(u)$、交换度 $\nu(u)$、卫护度 $\mu(u)$ 三者中的核心。整合数是界壳表征函数之一，在形式上类似于虚数，它包含系统状态 $\zeta(u)$。一些常规的数学方法，如向量

分析、二维图解等都可用来分析整合数，其中的 $i$ 和 $j$ 需用量测数据或专门知识来确定。

以界元位于界门上为例：

（1）若界门是关闭的，$\mu=1$，$\nu=0$，$\zeta=0$，取 $i=j=1$，则 $M(u)=1$。

（2）若界门是开的，$\mu=0$，$\nu=1$，$\zeta=1$，取 $i=j=1$，则 $M(u)=2$。

（3）若界门是半开半闭的，$\mu=0.5$，$\nu=0.5$，$\zeta=0.5$，取 $i=j=1$，则 $M(u)=1.5$。

进一步定义：

（1）偏卫护度：$\delta(u)=\dfrac{\mu(u)}{M(u)}$，表行卫护功能在整合数中的占比。

（2）偏交换度：$\varepsilon(u)=\dfrac{\nu(u)}{M(u)}$，表行交换功能在整合数中的占比。

（3）界壳元的相对全函数：$\eta(u)=\dfrac{\kappa(u)}{\zeta(u)}$，反映界壳元的全函数与系统状态的比率。此外，可定义表征函数 $R[\zeta(u),\mu(u),\nu(u)]$，它能包含上述数值和比率，界扉熵即属于此类函数。

若仅考界壳元素而不考虑系统状态，则界扉集可表示为

$$A=\{\langle u,\ \mu_A(u),\ \nu_A(u)\rangle \mid u\in E\}$$

设界扉集 $A$ 和 $B$，根据界扉集的特性，定义其运算和关系如下：

（1）补集：$\overline{A}=\{<u,\ \nu_A(u),\ \mu_A(u)>|\ u\in E\}$（交换卫护度与交换度）。

（2）交集 $A\cap B=\{<u,\ \min[\mu_A(u),\ \mu_B(u)],\ \max[\nu_A(u),\ \nu_B(u)]>|\ u\in E\}$（取卫护度最小值、交换度最大值）。

（3）并集：$A\cup B=\{<u,\ \max[\mu_A(u),\ \mu_B(u)],\ \min[\nu_A(u),\ \nu_B(u)]>|\ u\in E\}$（取卫护度最大值、交换度最小值）。

（4）包含关系：$A\subset B$ 当且仅当 $\forall u\in E$，$\mu_A(u)\leqslant\mu_B(u)$ 且 $\nu_A(u)\geqslant\nu_B(u)$，反之则为 $A\supset B$。

（5）相等关系：$A=B$ 当且仅当 $\forall u\in E$，$\mu_A(u)=\mu_B(u)$ 且 $\nu_A(u)=\nu_B(u)$。

界扉集的数学理论体系仍需进一步深入研究。

# 参考文献


[1] 冯·贝塔朗菲．一般系统论：基础、发展和应用[M]．林康义,魏宏森 等,译．北京：清华大学出版社，1987.

[2] 曹鸿兴．界壳现象及其学术框架[C]// 赵克勤,曹鸿兴. 集对分析与界壳论的研究与应用．北京：气象出版社，2002：69-74.

[3] 曹鸿兴．系统周界的模型与理论[J]．科技导报，1994(2)：19-21.

[4] Cao Hongxing. Modelling of a system boundary[J]. Kyberetes, 1995, 24(6): 44-49.

[5] 曹鸿兴．系统周界的一般理论:界壳论[M]．北京：气象出版社，1997.

[6] 曹鸿兴，陈国范，封国林．界壳理论在气象中的应用[J]．气象科技，2001，29(3)：46-50.

[7] 曹鸿兴．动力系统的自忆性原理:预报和计算应用[M]．北京：科学出版社，2002.

[8] 曹鸿兴．大气螺旋结构的物理导出:界壳理论的一个应用[M]//杨旭. 中国科技发展精典文库:2006 卷．北京：中国档案出版社，2006：233-235.

[9] 曹鸿兴．界壳之量化及其应用[M]// 赵克勤,米红. 非传统安全与集对分析．北京：知识产权出版社，2010：189-196.

[10] 曹鸿兴，封国林，蔡秀华，等．界壳论精要及其应用[M]．北京：科学出版社，2011.

[11] Cao Hongxing. Modeling of System Boundary—Periphery Theory [M]. Lambert Academic Publishing, Staarbruecken, Germany, 2016.

[12] Hongxing Cao, Yongping Wu, Xiuhua Cai. Study of atmospheric unpredictability on the basis of periphery theory [C]. The 6th Hydrology, Ocean and Atmosphere Conference (HOAC 2017), 2017, June 16-18.

[13] 曹鸿兴，封国林，吴永萍，等．模糊集、界壳论和气候建模[M]．北京：气象出版社，2017.

[14] 褚杨杨，田翠芸．界壳理论下网络翻译批评机制构建[J]．河北联合大学学报(社会科学版)，2015，15(5)：101-104.

[15] 封国林，曹鸿兴．带界门的 Logistic 模型[J]．计算物理，2001，18(2)：189-192.

[16] Haken H. Avanced Synergetics[M]. Heidelberg：Springer-verlag，1983.

[17] 罗景峰．基于界壳理论的乡村旅游安全保障体系研究[J]．农学学报，2017，7(1)：95-100.

[18] 绿色中国网. 文艺-界壳论研讨会在京召开[EB/OL]. 2012-07-14.

[19] Niu Jinqi，Hongxing Cao，Baoshan Niu，et al. Study of atmospheric predictability based on periphery theory[J]. Meteorology & Environment Research，2015，6(3)：1-4.

[20] 尼科里斯，普利高津．探索复杂性[M]．罗久里，陈奎宁，译．成都：四川教育出版社，1986.

[21] M. 诺顿．现代控制理论[M]．杨志坚，译．北京：科学出版社，1979.

[22] 王芹芹，郭垂江．界壳论与铁路编组站安全管理界壳基础研究[J]．湖南铁路科技职业技术学院学报，2015(2)：69-71.

[23] 王花兰，朱秀丽，刘大鹏，等．高速公路界壳理论及应用研究框架[J]．交通科技与经济，2011，3(1)：71-74.

[24] N. 维纳．控制论[M]．郝季仁，译．北京：科学出版社，1963.

[25] Yan Pengcheng，Wei Hou，Hongxing Cao，et al. Research on system control based on a novel theory[C]. Asia-Pacific Computer Science and Application Conference，2017，Mar 11-12，Shanghai，ID：CSAC6518.

[26] 郑怀昌，李明．界壳理论在采空区失稳判定与危害控制中的应用探讨[J]．黄金，2005，26(12)：19-22.

[27] 黄强，李勋贵，LEON，等．系统周界的观控模型及其应用[J]．系统工程理论与实践，2005，25(3)：101-106.

[28] 佟春生，黄强，刘俊萍，等．水资源系统界壳理论研究及其应用前景[J]．西安理工大学学报，2004，20(1)：21-25.

[29] 佟春生，刘俊萍，黄强，等．流域水资源管理体制的界壳分析[J]．灌溉排水学报，

2004, 23(1): 21-25.

[30] 李勋贵, 黄强, Leon Feng, 等. 界壳的泛系观控模型及其在水资源中的应用[J]. 兰州大学学报(自然科学版), 2005, 41(5):14-19.

[31] 宫凡荔. 基于界壳论和云模型的区域水资源可持续利用方案分析与风险评估[D]. 哈尔滨:东北农业大学, 2014.

[32] 逯洪波. 流域水资源统一管理体制研究[D]. 郑州:郑州大学, 2006.

[33] 李发文, 张行南. 防洪避难安置区可持续发展研究[J]. 人民黄河, 2005, 27(11): 15-16.

[34] 牛瑾琦, 曹鸿兴, 蔡秀华. 列序分析及其对空气污染的应用[J]. 数学的实践与认识, 2016, 46(17): 136-142.

[35] Litao Zhang, Xingsan Qian, Ruo Hu. Study of system boundary security management model based on periphery (Jieke) theory. International symposium on safety science and technology, 2004(10), 25-28; Shanghai.

[36] Hongxing Cao, Jie Zhou, Jian Son. Perimeter Entropy and its Application to Climate Change. WSEAS TRANSACTIONS on Heat and Mass Transfer[J]. E-ISSN: 2224-3461 18 Volume 15, 2020, DOI: 10.37394/232012.2020.15.3.

[37] Xiuhua Cai, Hongxing Cao, Xiaoyi Fang, et al. A View for Atmospheric Unpredictability [J]. Frontiers in Earth Science, 2021.

[38] 蔡秀华, 于瀛, 曹鸿兴, 等. 界壳论探讨生态环境安全[J]. 环境生态学, 2021, 3(5): 61-64.

[39] 曹鸿兴, 陈国范. 模糊集理论及其在气象中的应用[M]. 北京:气象出版社, 1988.

# 摘 录

德不孤,必有邻。

——孔子《论语·里仁》

爱人者,人恒爱之;敬人者,人恒敬之。

——《孟子·离娄章句下》

无小而不大,无边而不中。

——唐·王勃《释迦如来成道记》

坐井而观天,曰天小者,非天小也。

——唐·韩愈《原道》

邹,孟轲之母也,号孟母。其舍近墓。孟子之少也,嬉游为墓间之事,踊跃筑埋。孟母曰:"此非吾所以居处子也。"员乃去舍市傍。其嬉戏为贾人衒卖之事。孟母又曰:"此非吾所以居处子也。"复徙舍学宫之傍。其嬉游乃设俎豆揖让进退。孟母曰:"真可以居吾子矣。"遂居之。及孟子长,学六艺,卒成大儒之名。

——汉·刘向《列女传·母仪传·邹孟轲母》

酒色财气四堵墙,人人都在里面藏,谁能跳出圈外头,不活百岁也长寿。

——宋·佛印和尚题于禅房

古之欲明明德于天下者,先治其国,欲治其国者,先齐其家,欲齐其家者，先修其身，欲修其身者，先正其心，欲正其心者，先诚其意，欲诚其意者，先致其知，致志在格物，物格而后知至。知至而后意诚，意诚而后心正，心正而后身修，身修而后齐家，家齐而后国治，国治而后天下平。

——《礼记·大学》

结婚仿佛金漆的鸟笼，笼子外面的鸟想住进去，笼内的鸟想飞出来。

——钱钟书《围城》

获取一颗没有被人进攻的经验的心，也就像夺取一座没有守卫的城池一样。

——法国作家小仲马《茶花女》

本人系疗养与护理院的居住者。我的护理员在观察我，他几乎每时每刻都监视着我；因为门上有个窥视孔，我的护理员的眼睛是那种棕色的。它不可能看透蓝眼睛的我。

——德国作家君特·格拉斯《铁皮鼓》

所以耶稣又对他们说："我实实在在地告诉你们，我就是羊的门。凡在我以先来的，都是贼，是强盗，羊却不听他们。我就是门，凡从我进来的，必然得救，并且出入得草吃。"

——节选《圣经》中的《约翰福音》